KB275594

엘리사벳의 손뜨개 소품

엘리사벳의 손뜨개 소품

지은이 | 정현주
펴낸이 | 김성실
편집 | 김성은 · 이소영 · 박성훈 · 김진주 · 채은아
마케팅 | 곽홍규 · 김남숙
어린이 모델 | 이현서
어시스턴트 | 김은경
사진 | 윤세한(02 · 3462 · 5789)
도움주신 곳 | 집사랑(02-2273-2588)
제작 | 한영문화사
펴낸곳 | 윈타임즈
출판등록 | 제313-2012-50호(2012. 2. 21)

1판 1쇄 | 2014년 12월 16일

주소 | 121-816 서울시 마포구 연희로 19-1, 5층(동교동 113-81)
전화 | 편집부 (02) 322-5463, 영업부 (02) 335-6121
팩스 | (02) 325-5607
e-mail | sidaebooks@hanmail.net

ISBN 979-11-85651-05-7 13590
책값은 뒤표지에 있습니다.

이 도서의 국립중앙도서관 출판예정도서목록(CIP)은 서지정보유통지원시스템 홈페이지(http://seoji.nl.go.kr)와
국가자료공동목록시스템(http://www.nl.go.kr/kolisnet)에서 이용하실 수 있습니다. (CIP제어번호: CIP2014035007)

엘리사벳의 손뜨개 소품

엘리사벳 정현주 지음

WINTIMES

INTRO

뜨개를 처음 접한 건 중학교 때 가사 시간이었습니다. 한 뭉치의 실이 하나의 작품으로 탄생되는 게 참으로 신기했습니다. 제 짝은 현란한 꽈배기 무늬로 목도리도 뜨고 옷도 만들 만큼 재주가 좋아 동경의 대상이 되기도 했지요.

결혼 후 아이를 낳고 본격적으로 뜨개를 시작했는데 가슴 한 켠에 어린 시절의 뜨개에 대한 환상과 '나도 잘할 수 있을' 것이라는 의욕과 욕심이 동시에 자라고 있었나 봅니다. 엄마가 되고 나니 아이한테 무엇이든 만들어 주고 싶어서 양재도 해보고 이것 저것 다 해봤지만 뜨개만큼 매력적인 것은 없었습니다.

뜨개는 하다가 잘못하면 그만큼만 풀어서 수정할 수 있고, 옷이 작으면 실을 덧대어 뜨기도 하고, 오래 입어 지겨운 옷은 풀어서 다른 것으로 만들 수 있다는 매력이 있습니다. 실과 바늘만 있으면 시간과 장소를 가리지 않고 즐길 수 있다는 것도 한몫 했지요.

뜨개는 저에게 힐링입니다. 고민이나 갈등이 있을 때 한 코 한 코 뜨다 보면 걱정 근심 저만치 다 날아가 버리기도 하고 잊기도 힙니다. 때때로 에쁜 소품을 만들어 주변에 선물을 하면 칭찬도 해주시고 좋아하며 감동을 받습니다. 칭찬은 고래도 춤추게 한다더니 꼭 저를 두고 한 말 같습니다. 이렇게 서로 좋은 감정을 공유할 수 있는 것도 큰 기쁨이지요.

예전에는 뜨개에 관한 서적이 많지 않아 정보가 부족했습니다. 뜨개를 하면서 시행착오에 대해 비슷한 내용의 질문을 하는 분들을 온라인 상에서 자주 접하다 보니 서로 공유할 수 있는 공간이 있으면 좋겠다 싶어 카페를 만들게 되었습니다. 10년 이상 카페를 통해 많은 작품도 선보이고 다른 분들의 작품도 즐기면서 쉬지 않고 뜨개를 했습니다.

20년 넘게 뜨개질을 하면서 많은 기법과 제도법을 공부했지만 가장 어려운 것은 역시 모두 만족하며 같이 공감하고 누구나 쉽게 뜰 수 있는 아이템이었습니다. 도안을 판매하고 디자인을 하면서 자연스럽게 고민하게 되었지요. 테크니컬한 디자인을 선보여야 하는 것일까? 아니면 누구나 쉽게 따라 할 수 있는 디자인을 선보여야 할까? 답이 없는 문제였습니다. 뜨개를 시작하는 분에게 새로운 기법과 디자인은 목표를

갖게 해줄 수 있고, 쉬운 디자인은 그만큼 직접 접하고 떠볼 수 있는 자신감과 기회를 만들어 주니까요. 결국 욕심을 버린다면 하고 싶은 것을 즐겁게 할 수 있음을 깨달았습니다.

어느 날 원타임즈 출판사에서 같이 책을 만들고 싶다는 연락이 왔습니다. 주로 옷을 디자인 하던 저에게 뜨개질 소품 책을 제안했습니다. 처음엔 고민했지만 생각을 바꿔 결심했습니다. 누구나 뜨개를 시작할 때는 작은 소품부터 하기 마련이고 저 역시 그랬으니까요.

이 책은 선물했을 때 받은 사람이 좋아했던 것들과 생활에 필요한 소품들을 생각하며 디자인 했습니다. 나도 갖고 싶지만 선물하기도 좋은 소품들로 사계절 모두 활용할 수 있는 아이템을 담았습니다.

각 소품의 제목에는 만드는 방법의 페이지를 찾아갈 수 있도록 안내했습니다. 또 아이템마다 사용한 실은 국내 어디서나 쉽게 구할 수 있습니다. 실제로 책에서 소개하는 작품들은 초보자의 경우 똑같은 실을 사용하여 만들 수밖에 없는데 실의 이름이 없거나 국내에서는 구매할 수 없는 제품들이 있어 포기하는 경우를 많이 보았습니다. 실마다 제품의 이름을 명시한 것도 그런 이유입니다.

가끔 홍대 앞이나 경리단길에 가보면 기성 액세서리가 얼마나 예쁘고 저렴한지요. 손으로 만든 액세서리는 오히려 촌스럽고 투박하게 느껴질 수도 있습니다. 하지만 누군가의 시간과 노력으로 직접 만든 소품을 선물로 받는다면 그 기분은 이루 말할 수 없을 것입니다. 직접 만든 손뜨개 소품에는 기성품이 담지 못하는 사랑과 정성이 담겨 있습니다. 특별한 사람의 마음을 돈으로 헤아릴 수 없는 가치가 있지요.

이 책이 여러분을 완전하게 만족시킬 수는 없겠지만 예쁜 아이템을 만들어 기쁜 마음으로 감사한 분께 선물하기를 바랍니다.

이 책을 만들기까지 테스트 니팅을 비롯해 조언을 아끼지 않은 네이버 카페 니팅 회원들과 친구들에게 감사드립니다. 책 작업에 집중하느라 엉망이었던 집안 살림마저 눈감아 준 남편과 두 아들에게도 사랑을 담아 감사드립니다.

엘리사벳 정현주

CONTENTS

작은 선물 작은 소품

뜨개 도구

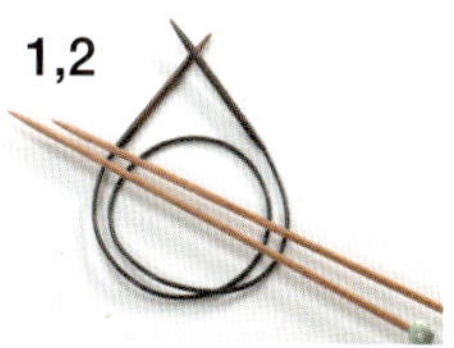

막대바늘

막대형 바늘은 30cm, 20cm, 15cm 길이가 있다. 일반적으로 대바늘 편물은 일자형 막대바늘 2개로 뜨는데 최근 들어 줄바늘을 더 선호하는 추세다.

줄바늘

2개의 짧은 바늘을 줄로 연결한 형태로 보편적으로 대바늘뜨기에 사용한다. 100cm, 80cm, 60cm, 40cm로 길이가 다양하며 줄 길이에 맞춰 진동둘레의 원통뜨기나 모자뜨기에 사용한다.

장갑바늘

막대형 바늘로 길이가 15cm, 20cm 두 가지다. 장갑바늘은 4~5개로 원통뜨기를 할 때 주로 사용한다.

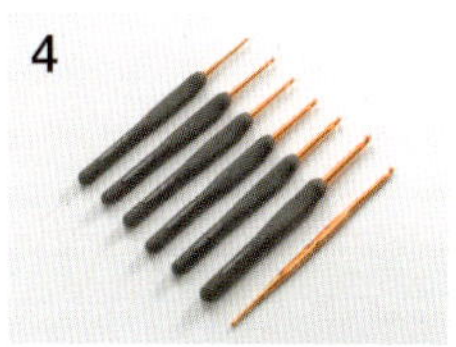

코바늘

코바늘뜨기에 사용되는 바늘로 모사용과 레이스용 두 종류가 있다. 모사용은 숫자가 클수록 굵은 바늘이고 레이스용은 숫자가 클수록 가는 바늘이다.

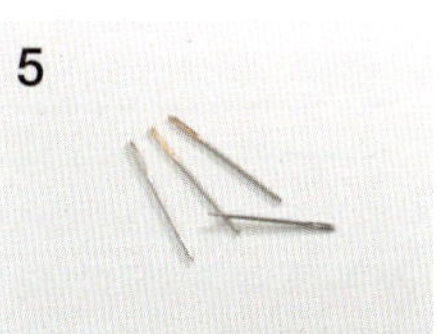

돗바늘

편물을 꿰매거나 편물잇기 등에 사용한다.

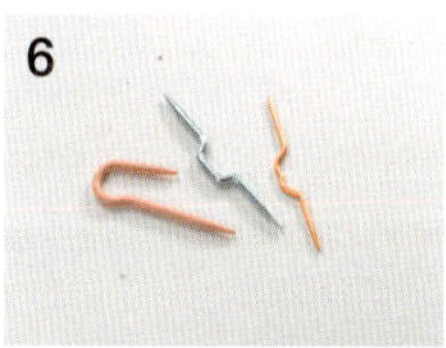

꽈배기바늘

대바늘뜨기를 할 때 교차뜨기의 무늬뜨기를 할 때 사용한다.

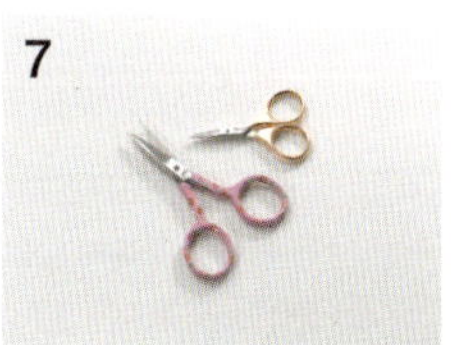

가위

일반 가위와는 달리 가위 끝이 뾰족한 것이 사용하기 편리하다.

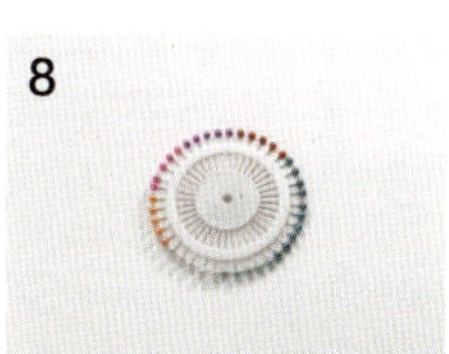

시침핀

주로 핀을 고정시켜 모양을 잡아줄 때 사용한다.

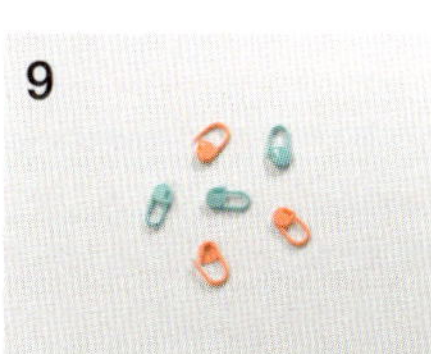

표시링

대바늘뜨기나 코바늘뜨기에서 단을 세거나 코줄임 등 표시가 필요한 부분에 걸어주는 마크이다.

부자재

사용 뜨개실

모든 제품은 20코 20단의 겉뜨기 10코, 안뜨기 10코의 무늬로 제작하였다. 같은 코와 단이지만 실의 굵기나 꼬임 정도에 따라 크기와 느낌이 다른 것을 한눈에 볼 수 있다. 실 이름_실의 합성 비율, 사용 바늘, 실 설명, _이 책에 사용된 아이템 순으로 정리하였다.

코튼데이트_머서라이즈드 코튼100
모사용 코바늘 2/0~3/0호
많은 아이템에 사용하기 좋은 굵기의 실로 색상이 다양하다. 광택이 좋고 세탁을 해도 많이 줄지 않는 것이 장점이다.
_머리핀, 리코더 파우치, 목걸이, 동전지갑, 캔뚜껑고리 팔찌, 토끼 인형 북마크

505_슈퍼워시울50 아크릴50
대바늘 4.5~5mm
스팀을 주면 푹 퍼지므로 완성 후에 스팀을 주는 것은 삼가한다. 실이 통통해 무늬가 잘 표현되기 때문에 꽈배기무늬나 아란무늬에 좋다. 부담없는 가격과 실용성이 특징이다.
_벙어리장갑

실크로드_슈퍼워시울60 실크40
대바늘 3.5~4mm
실크 특유의 광택과 양모의 부드러움이 결합된 제품으로 어떤 무늬든지 표현이 잘 된다. 물세탁을 할 때는 찬물로 손세탁을 해야 한다는 점에 유의한다.
_손목 워머

키드모헤어_키드모헤어80 나일론20
대바늘 2~5mm
고급 키드모헤어 소재로 기모가 풍성하고 감촉이 매우 부드럽다. 굵은 바늘을 이용해 숄이나 스카프를 만들어도 좋고, 울카페처럼 심플한 모사와 혼합해도 좋다. 아주 가벼운 실이기 때문에 모헤어를 섞어 굵기에 변화를 줄 수 있다.
_꽃 코르사주

야크_야크20 울25 아크릴35 나일론20
대바늘 4.5~5.5mm
야크의 털을 가공하여 만들어 보온성이 좋은 제품이다. 부드럽고 내구성이 뛰어나 포근하여 따뜻한 작품을 만들기 적합하다. 간혹 실에 길게 보이는 검은 털은 야크의 털이다.
_간단 목도리

울카페_파인 메리노 슈퍼워시울100
대바늘 4.5~5mm
탄성이 좋은 유량한 양모 중 하나인 메리노 양의 털을 슈퍼워시 처리한 제품이다. 가느다란 마이크론 울로 만들어 부드럽고 광택이 난다. 꼬임이 많아 무난하게 사용할 수 있다.
_넥칼라

카드면 24합_면100

대바늘 4.5mm

다양한 생활 용품에 활용하기 적합한 굵고 힘있는 면사다. 24합은 가는 실이 24겹으로 꼬여있다는 뜻으로 숫자가 클수록 굵다.

_미니 러그

카드면 12합_면100

모사용 코바늘 4/0호

카드면 24합보다 가늘어 도일리나 식탁보 등에 적합하다. 1km 단위로 감아서 판매하므로 대용량의 소품을 만들 때 좋다.

_해바라기 장식

울소프트_슈퍼워시울100

대바늘 3.5~4mm

광택이 좋고 아주 부드러운 제품으로 아이 옷을 만들기에 적합하다.

_앞치마, 두건

5플라이 밀레니엄_울100

대바늘 3~3.5mm

보풀이 없고 굵기도 적당해 여러 용도에 응용할 수 있다. 울카페보다 가늘어서 코바늘과 대바늘에 다 사용한다. 스팀을 주면 늘어진다.

_발레리나 덧신, 미니 케이프

동화_면50 캐시미어터치c/a50

대바늘 3~3.5mm, 코바늘 5/0~6/0호

면아크릴 혼방으로 사계절 사용할 수 있는 부드러운 실이다. 색상이 다양할 뿐 아니라 다른 실과 합사해도 좋다. 혼방 제품이라 가벼워 담요를 많이 뜨는 추세다.

_그래니 스퀘어 모티프 파우치
그래니 스퀘어 모티프 볼레로

코코아_울30 아크릴70

대바늘 6mm

좋은 울이 함유되어 고급스러운 느낌과 포근함까지 갖춘 실용적인 실이다. 가볍고 굵어서 의류 아이템에 좋지만 색감이 어둡다는 게 단점이다.

_어른용 보닛 모자

코러스_울15 아크릴70 나일론15

대바늘 6~7mm

아크릴과 나일론 함량이 높은 모사로 보풀이 없고 촉감이 부드러워 담요나 목도리 등 겨울 소품에 사용하기 좋다.

_러블리 쿠션

울루비_울23 나일론6 코튼59 폴리에스테르12

대바늘 4.5~5mm

꼬인 실에 몽실한 기모와 반짝이 실이 달려 있는 그러데이션 나염이다. 면, 울, 나일론의 혼방이지만 무겁지 않고 따뜻하다.

_미니숄

GS스커버_폴리50 아크릴50

대바늘 4~4.5mm, 코바늘 5/0~6/0호

금사로 꼬임이 되어 있는 제품이다. 약간은 가슬가슬한 느낌이라 소품이나 액세서리를 만들기 좋다.

_나뭇잎 머리띠, 왕관

앙쥬_아크릴90 폴리아미드10
대바늘 4.5mm
사랑스럽고 따뜻한 느낌을 살린 파스텔 톤의 앙쥬는 아기에게 적합한 부드러운 의류용으로 아름답고 발랄한 그러데이션의 색감이 특징이다.
_아이용 보닛 모자

알파카진_메리노울40 알파카30 아크릴30
대바늘 5~5.5mm
탄성이 좋은 메리노울과 알파카가 섞인 제품으로 보온성이 우수하며 실의 굵기가 좋아 어떤 소품이든 빨리 뜰 수 있다.
_부엉이 모자

멜로디_폴리에스테르100
대바늘 5~5.5mm
아기의 연약한 피부에 자극이 없을 정도로 보들보들한 감촉의 수면실이다. 적당한 굵기와 물세탁 후에도 촉감이 거의 변하지 않아 실용적이다. 부드럽고 먼지가 날리지 않는 것이 장점이지만 짧은 털이 붙어서 코가 잘 보이지 않는 것은 단점이다.
_인형 손목 쿠션

파스텔_울25 아크릴 75
대바늘 3~4mm
은은한 파스텔 톤의 멋스러운 긴나염실로 자연스러운 색상 변화가 우아함을 더한다. 아크릴 혼방이라 일반 모사에 비해 가볍다.
_숄더백

멜로디 퐁듀_폴리에스테르100
대바늘 5~6mm
기존의 멜로디에 하얀 방울을 더해 귀엽고 깜찍함이 강조된 제품이다. 좀더 굵고 포근해서 아우터나 담요를 만들어도 좋다. 이 실을 이용해 마무리 작업 중 돗바늘로 꿰맬 때 버블사가 바늘에 잘 걸리는 단점이 있지만 버블사만 따로 분리해 작업한다.
_수면양말

세븐이지_슈퍼워시울60 아크릴40
대바늘 5~6mm
이 실은 편물에서 가장 손쉽게 선택할 수 있는 제품이다. 단색에 꼬임이나 굵기가 적당해 무엇을 만들어도 무난하고 슈퍼워시 가공이 되어 물세탁이 가능하다. 부드럽고 신축성이 좋은 제품이다.
_어린이 왕관

대바늘 기초

▮ 겉뜨기

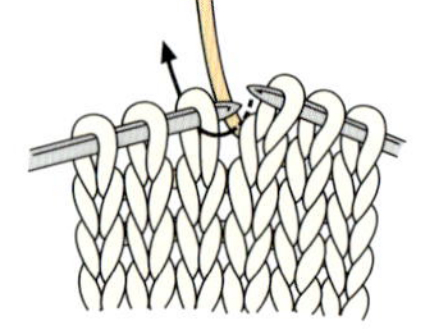 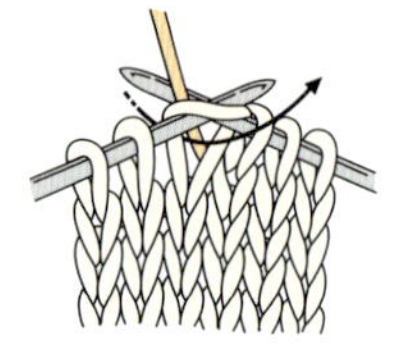 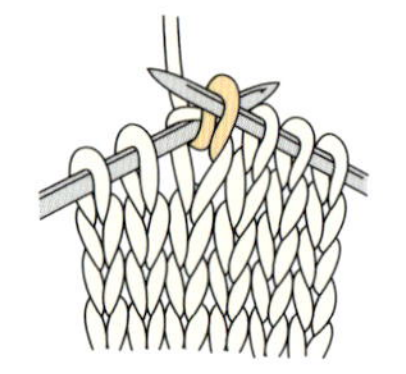 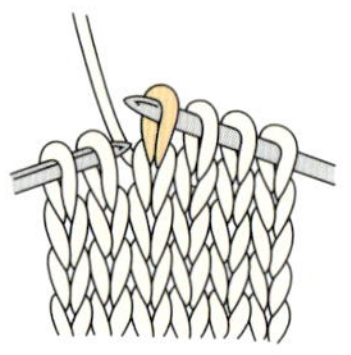

1. 실을 건너편에 두고 오른쪽 바늘을 앞쪽으로 넣는다.

2. 오른쪽 바늘에 실을 걸어 화살표와 같이 앞쪽으로 빼낸다.

3. 오른쪽 바늘에 고리가 걸려나오면 왼쪽 바늘을 빼낸다.

4. 겉뜨기 완성

▭ 안뜨기

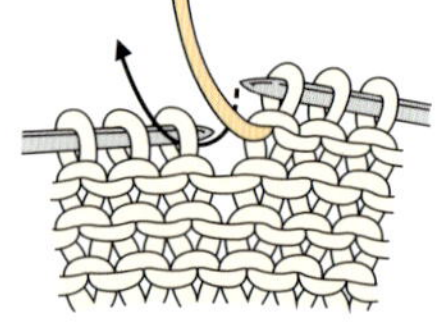 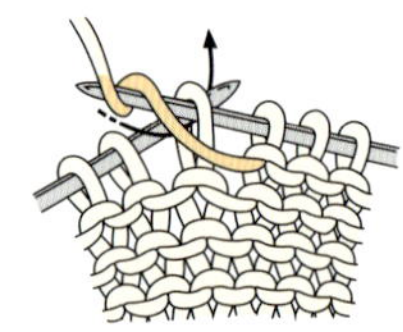 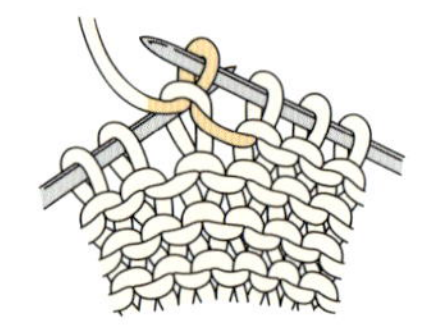 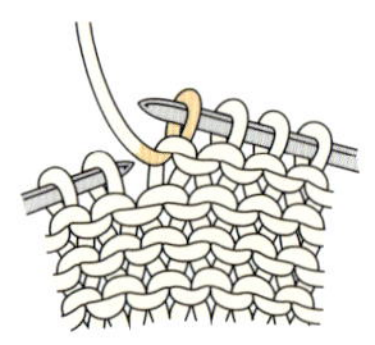

1. 실을 앞쪽에 두고 바늘을 화살표처럼 건너편에 넣는다,

2. 그림과 같이 실을 걸어서 반대쪽으로 빼낸다.

3. 오른쪽 바늘에 고리가 걸리면 인쪽 바늘을 빼낸다.

4. 안뜨기 완성

ℓ 꼬아뜨기

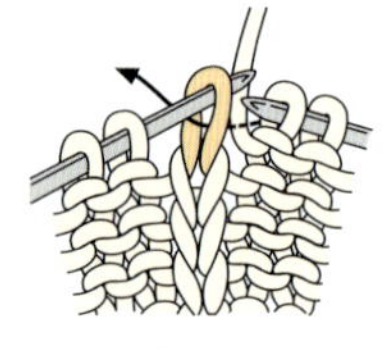 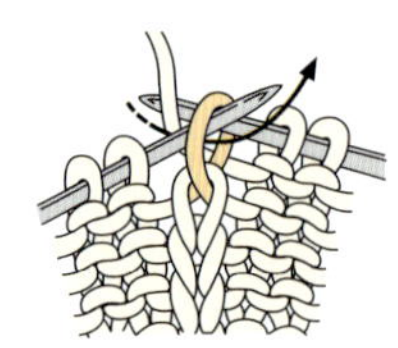 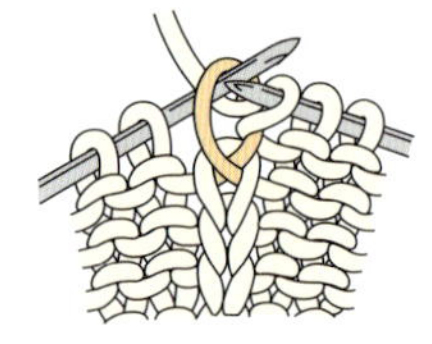 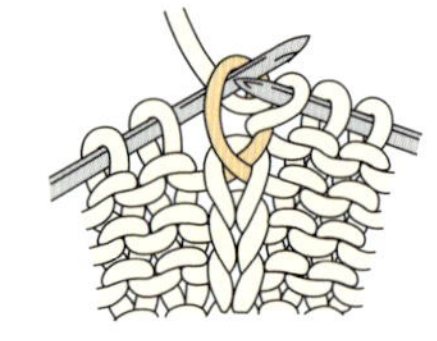

1. 오른쪽 바늘을 화살표처럼 건너편에서 왼쪽 바늘 아래로 넣는다.

2. 오른쪽 바늘에 실을 걸어서 화살표처럼 앞으로 빼낸다.

3. 빼낸 고리 아래 코의 뿌리가 돌려진다.

4. 뜬 코의 아래 코가 돌려져 완성

◯ 바늘비우기

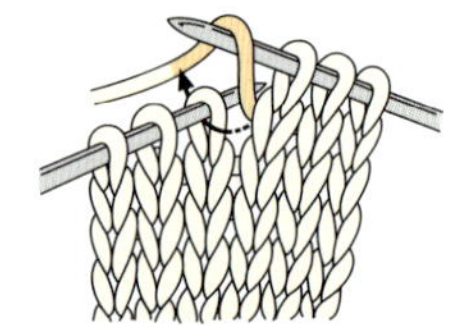 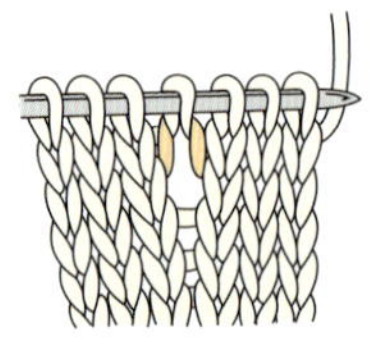

1. 오른쪽 바늘에 앞쪽부터 그림과 같이 실을 건다.

2. 한 단을 더 뜨고 난 뒤의 바늘비우기 코의 모습

⋏ 오른코모아뜨기

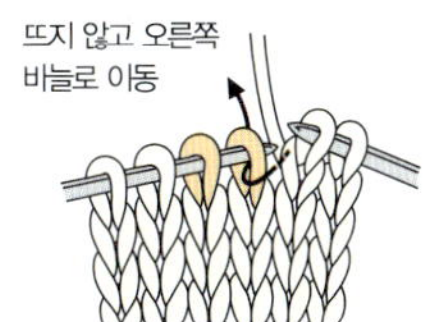

1. 오른쪽 바늘을 화살표와 같이 건너
   편에서 왼쪽 바늘 아래로 넣는다.

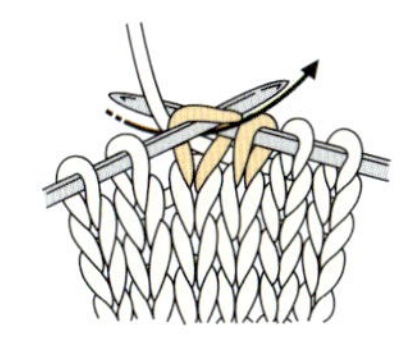

2. 왼쪽의 코에 바늘을 넣어서 실을
   빼내고 겉코를 뜬다.

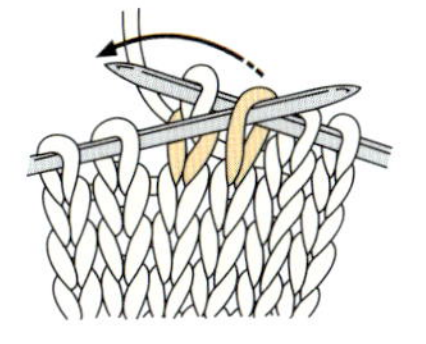

3. 먼저 이동한 코에 왼쪽 바늘을 넣
   어 뜬 코에 덮어씌운다.

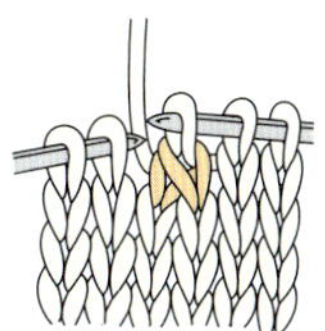

4. 오른코모아뜨기 완성

⋏ 왼코모아뜨기

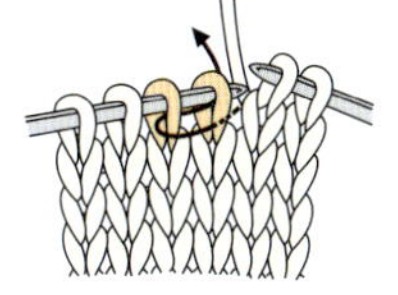

1. 화살표처럼 바늘을 왼쪽으로부터
   2코를 한 번에 넣는다.

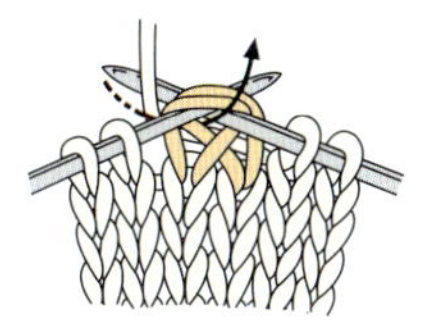

2. 바늘에 실을 걸어서 빼내어 2코
   를 한 번에 겉뜨기로 뜬다.

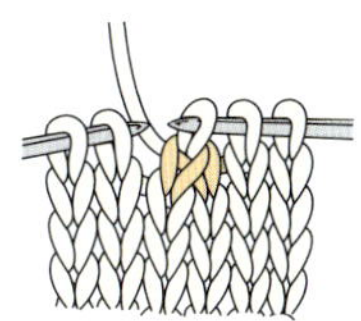

3. 왼코모아뜨기 완성

△ 오른코모아뜨기(안뜨기의 경우)

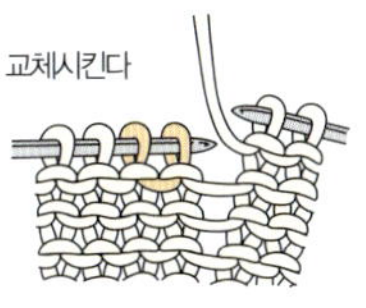

1. 2코의 순서를 오른쪽 코가 앞쪽이
   되도록 바꾼다.

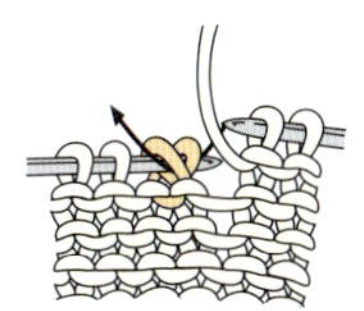

2. 화살표와 같이 바늘을 넣어서 2
   코를 한 번에 안뜨기로 뜬다.

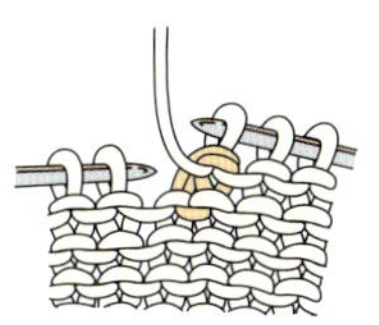

3. 안뜨기의 오른코모아뜨 완성

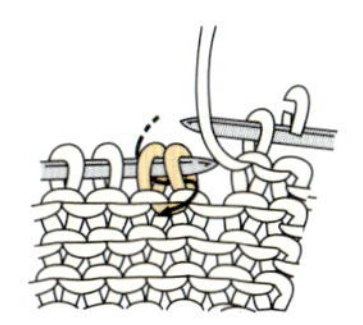

tip 꼬아뜨기 방향으로 실을 넣어서
두코모아 안뜨기를 해도 된다.

△ 왼코모아뜨기(안뜨기의 경우)

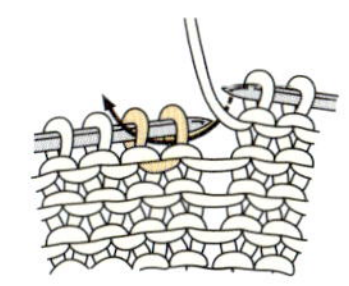

1. 화살표처럼 2코 우측에서 한 번에
   바늘을 넣는다.

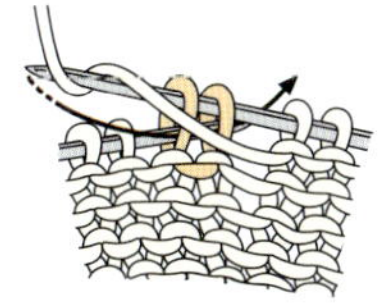

2. 그림처럼 실을 걸어서 화살표 방
   향으로 실을 빼낸다.

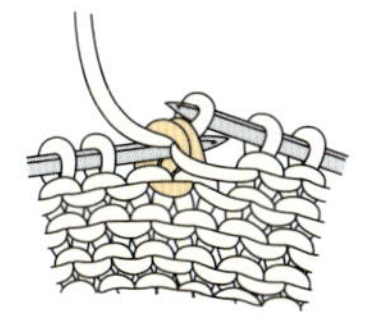

3. 2코 한꺼번에 안코를 뜨면서 왼
   쪽 바늘을 빼낸다.

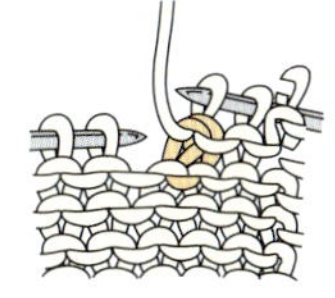

4. 안뜨기의 왼코모아뜨기 완성

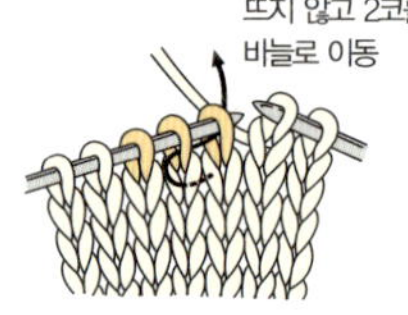

人 중심세코모아뜨기

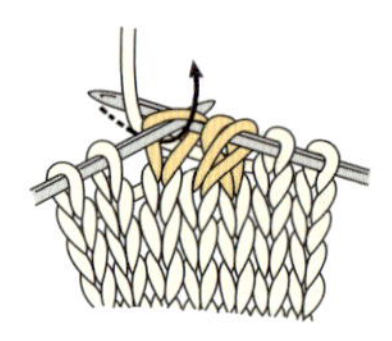
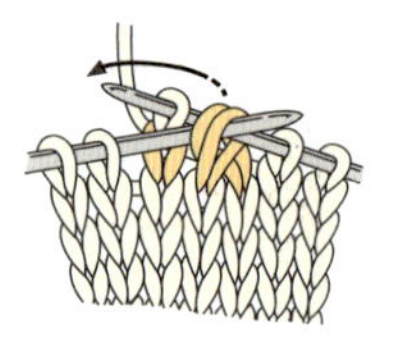
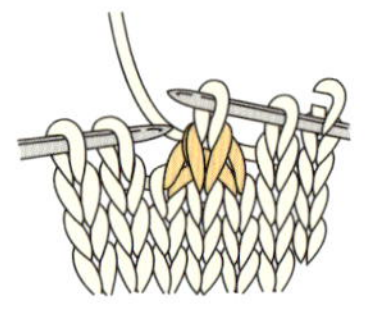

1. 우선 오른쪽 2코에 바늘을 넣어 뜨지 않고 오른쪽 바늘을 옮긴다.

2. 2코째에 바늘을 넣어서 실을 빼내고 겉코에 뜬다.

3. 먼저 옮긴 2코에 왼쪽 바늘을 넣고 뜬 코를 덮어씌운다.

4. 중심세코모아뜨기 완성

∨ 걸러뜨기

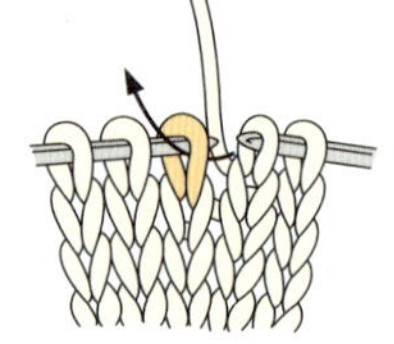
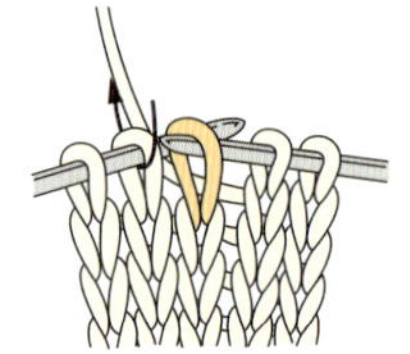
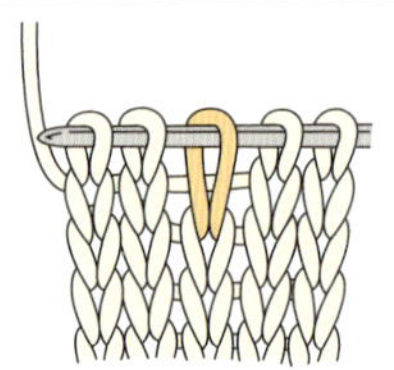

1. 안뜨기 방향으로 바늘을 넣는다.

2. 오른쪽 바늘로 옮겨진 상태

3. 이어서 계속 떠나간다(옮겨진 코의 모습)

ⓦ 감아코

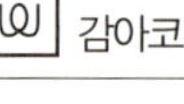
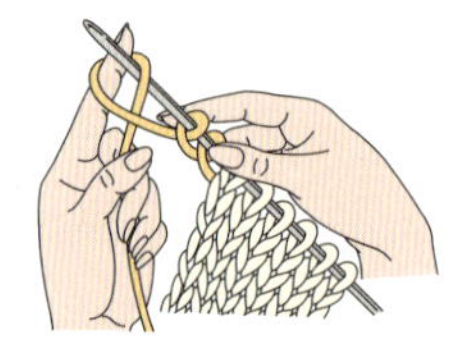

손가락으로 감아서 필요한 코를 만들어준다.

코사이끌어올려코늘림

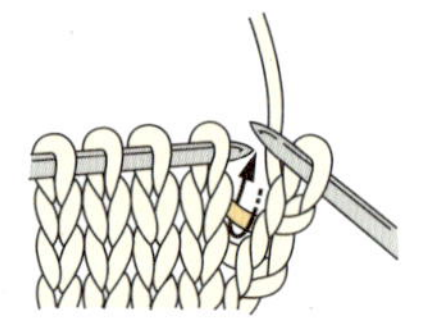
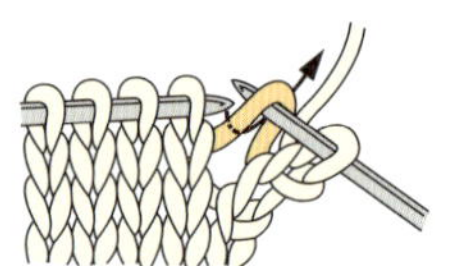
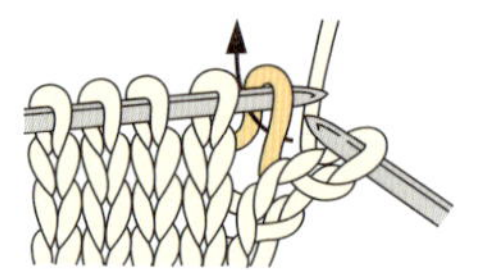
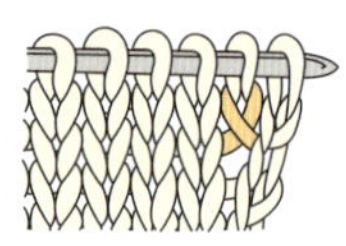

1. 코사이의 올을 끌어올린다.

2. 화살표 방향으로 왼쪽 바늘을 넣어 올을 걸어준다.

3. 꼬아뜨기 방향으로 겉뜨기를 한다.

4. 코가 늘어난 상태

메리야스덮어씌워코막음

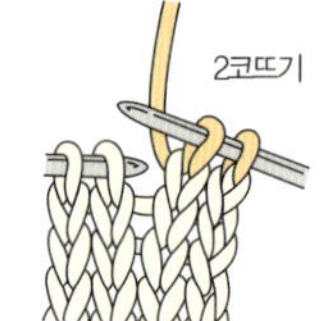

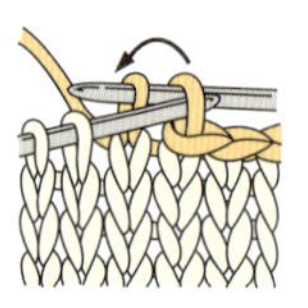
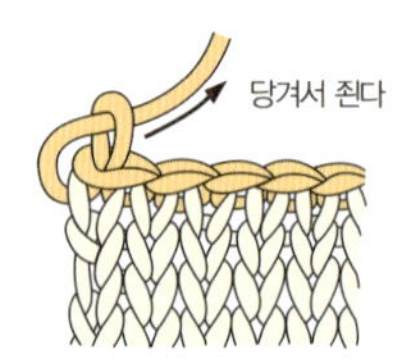

1. 2코를 뜬다.

2. 뒤의 코를 앞의 코에 덮어씌운다.

3. 1과 2를 반복한다.

4. 마지막 고리가 남으면 실을 자르고 고리에 통과시켜 오므려 마무리한다.

안뜨기의 옆선잇기

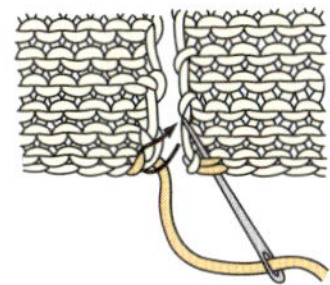 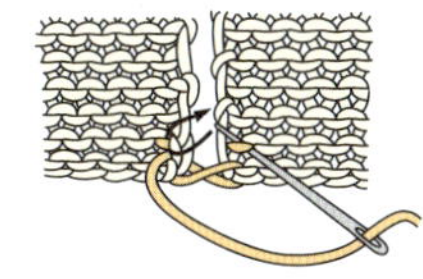 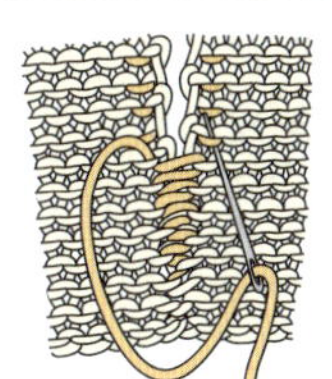

1. 2장의 안뜨기 면을 나란히 놓고 끝코와 두 번째 코 사이의 올을 걸어준다.

2. 왼편에서도 같은 위치의 올을 걸어준다.

3. 좌우를 반복하여 꿰맨다.

풀어내는코 만들기

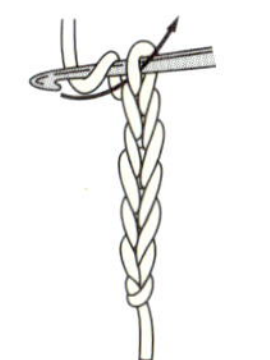 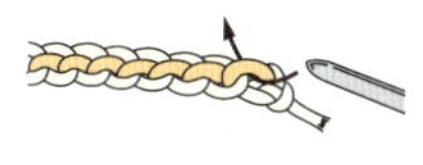 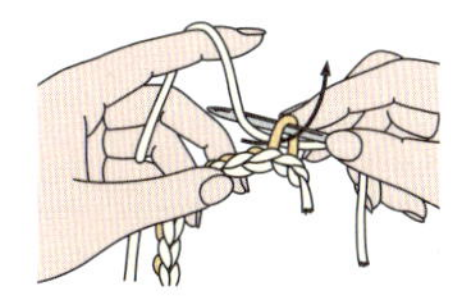 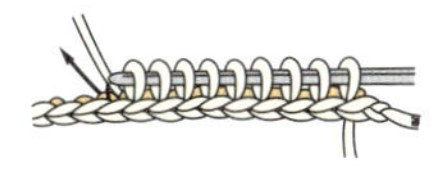

1. 필요한 만큼 사슬코를 만든다.

2. 사슬코 뒷산에 화살표방향으로 대바늘을 넣는다.

3. 사슬코의 뒷산에 걸어서 겉뜨기로 뜬다.

4. 필요한 만큼 겉뜨기로 뜬다. 별실로 뜬 사슬코를 풀어내면 다시 코가 생긴다.

가터잇기

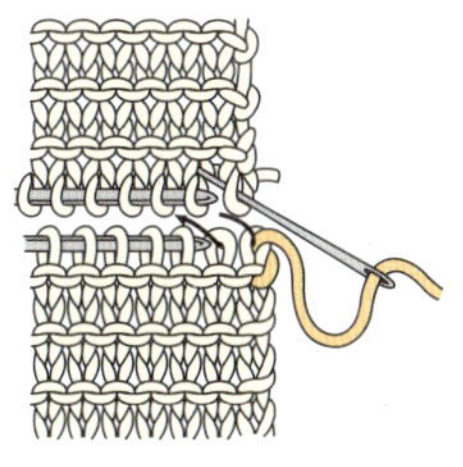 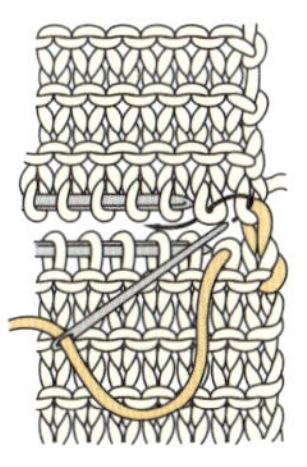 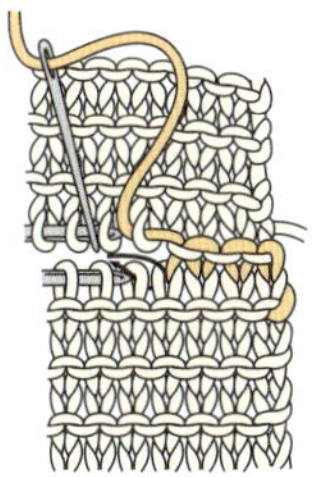 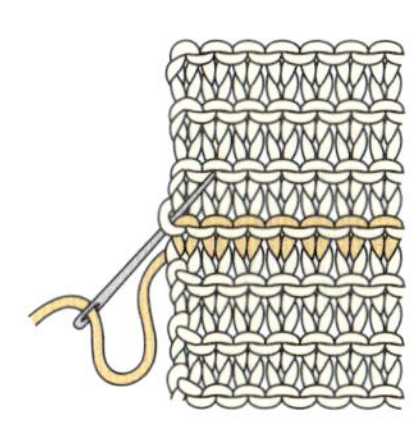

1. 아래 첫코의 반코에 넣어 뺀 뒤 위 편물의 반 코에 바늘을 위에서 아래로 넣는다.

2. 위 2코의 안쪽에서 바늘을 빼 위쪽에서 넣어서 뺀다.

3. 아래 두 코의 바깥쪽에서 안쪽으로 바늘을 넣어 뺀다.

4. 2와 3을 반복하고 마지막 반 코는 아래에서 위쪽으로 빼고 마무리한다.

코바늘 기초

◯ 사슬뜨기

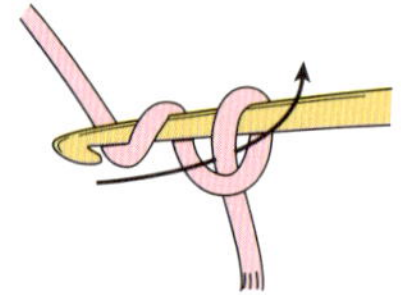 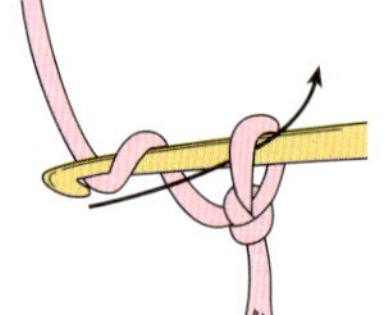 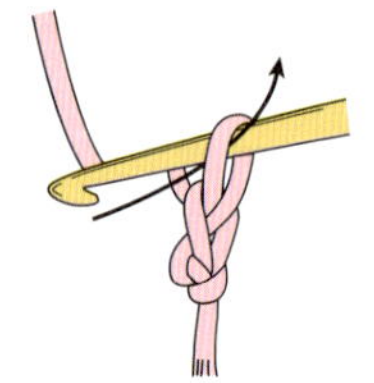 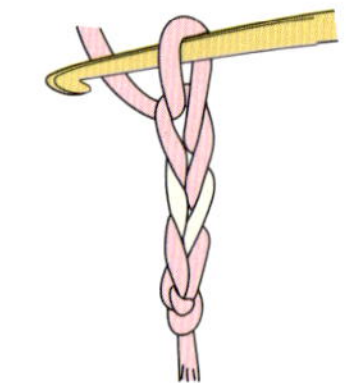

1. 화살표 방향으로 바늘을 돌려 빼다.

2. 바늘에 실을 감아 고리로 빼낸다.

3. 2번의 동작을 반복하여 고리로 빼낸다.

4. V모양이 1코로 원하는 길이로 뜬다.

＋ 짧은뜨기

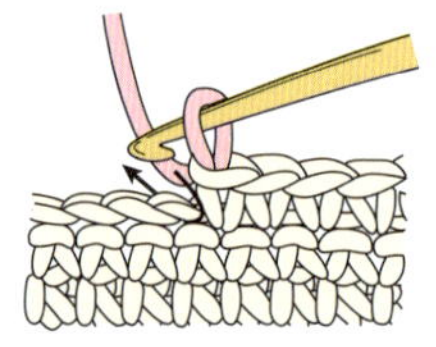 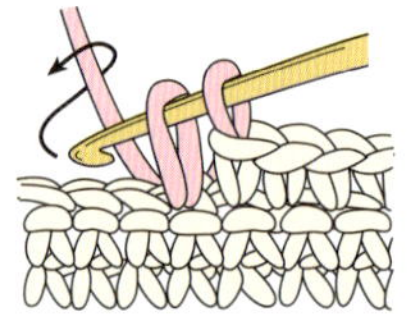 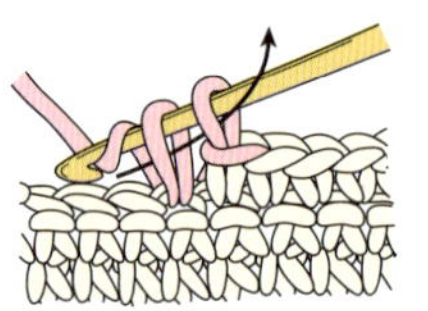 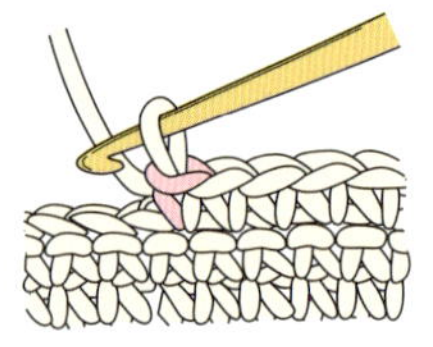

1. 화살표 방향으로 바늘을 넣는다.

2. 실을 감아 뺀 뒤 바늘에 실을 건다.

3. 바늘에 걸린 실을 두 고리로 한꺼번에 뺀다.

4. 짧은뜨기 완성

● 빼뜨기

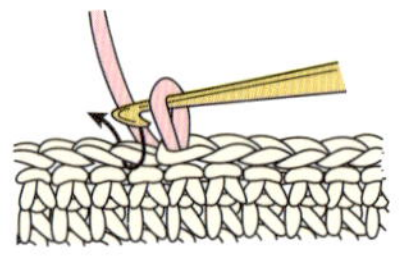 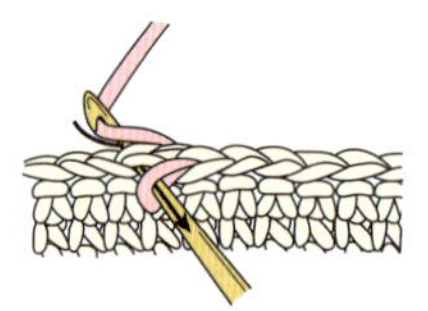 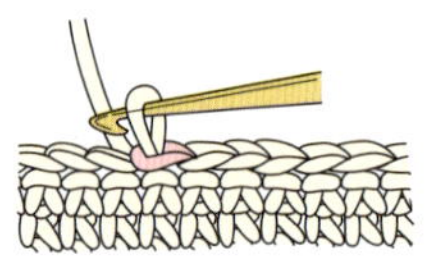

1. 화살표 방향으로 바늘을 넣는다.

2. 바늘에 실을 감아서 바늘에 걸린 고리로 한꺼번에 빼낸다.

3. 빼뜨기 완성

Ｔ 긴뜨기

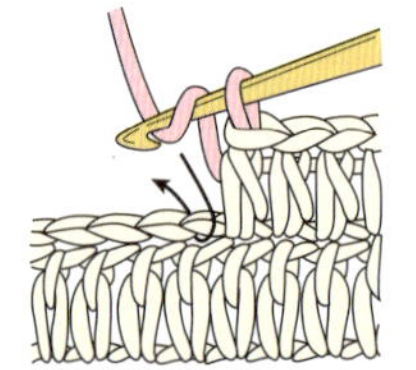 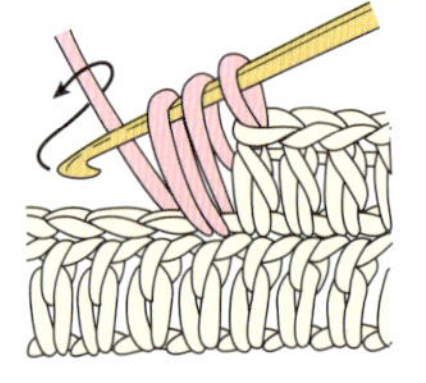 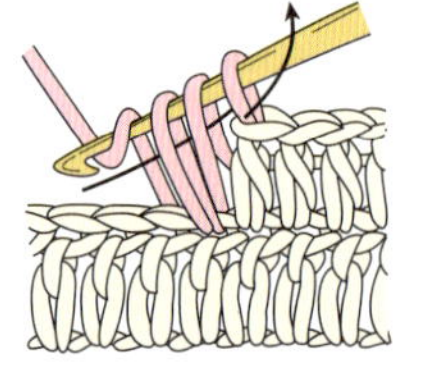 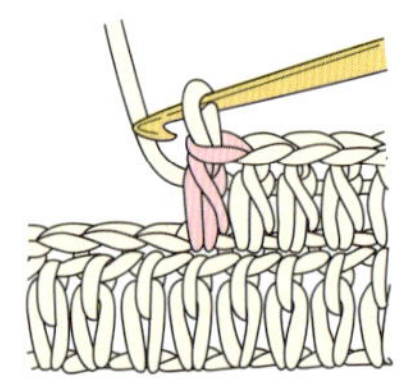

1. 바늘에 실을 한번 감고 코에 바늘을 넣는다.

2. 고리를 빼고 다시 실을 감아준다.

3. 세 개의 고리를 한꺼번에 통과시킨다.

4. 긴뜨기완성

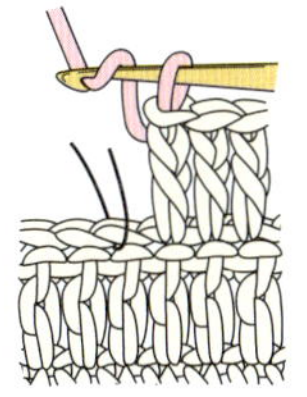 한길긴뜨기

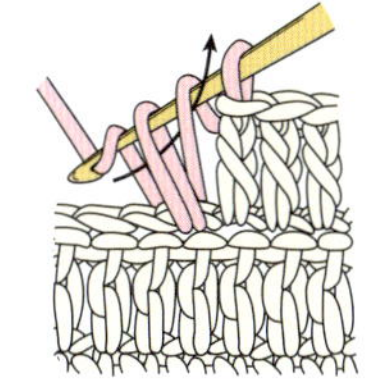 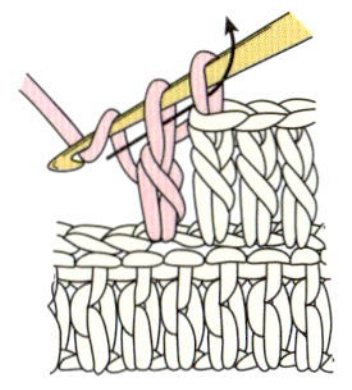 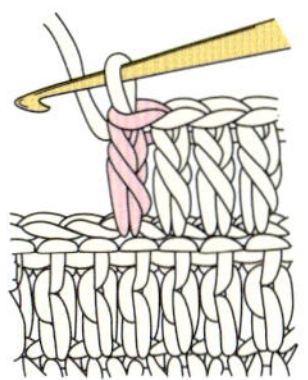

1. 바늘에 실을 한 번 감고 코에 바늘을 넣어 실을 가져와 빼낸다.

2. 다시 실을 감아 2개의 고리만 뺀다.

3. 다시 실을 감아 남은 고리에 한 번에 빼낸다.

4. 한길긴뜨기 완성

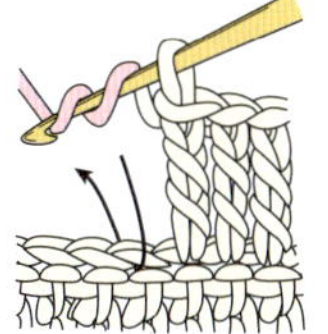 두길긴뜨기

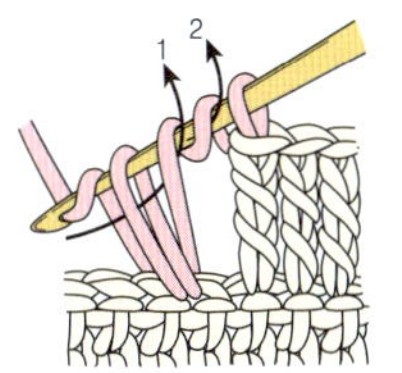 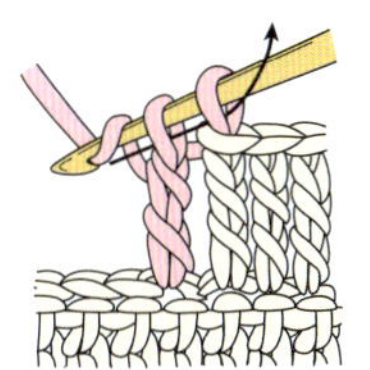 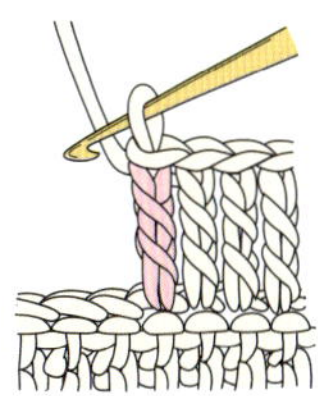

1. 바늘에 실을 두 번 감아 코에 넣어 다시 실을 걸어 뺀다.

2. 다시 실을 감아 1번 방향으로 고리 2개를 빼고 다실 실을 감아 2번 방향으로 실을 뺀다.

3. 다시 실을 감아 남은 고리에 한 번에 빼낸다.

4. 두길긴뜨기 완성

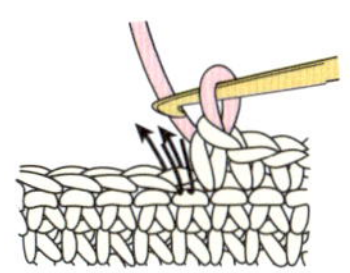 짧은뜨기 두코늘리기

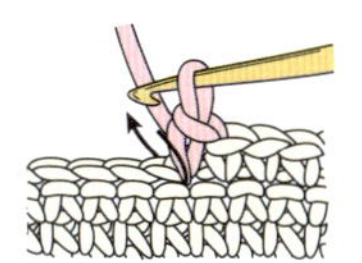 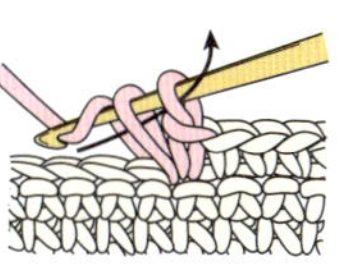 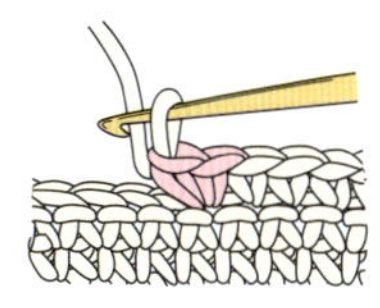

1. 코에 바늘을 넣어 실을 감아 뺀다.

2. 짧은뜨기로 하고 다시 같은 자리에 바늘을 넣는다.

3. 짧은뜨기를 더한다.

4. 한 코에 2코 짧은뜨기 완성

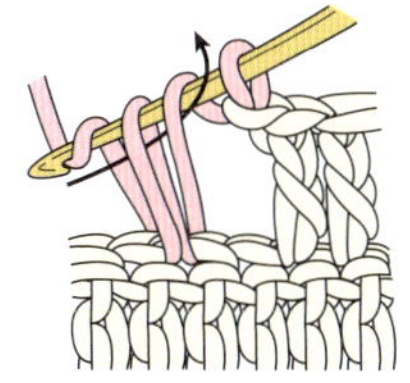 한길긴뜨기의 3코구슬뜨기

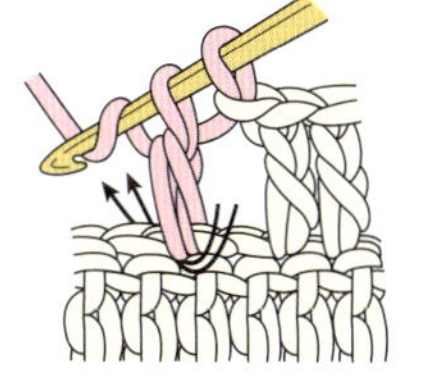 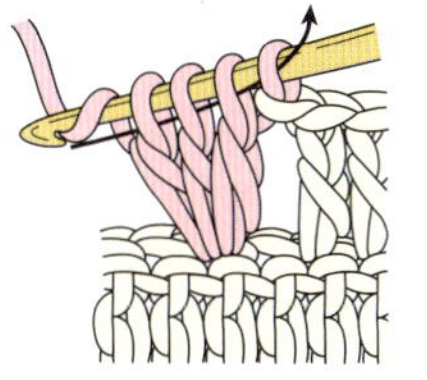 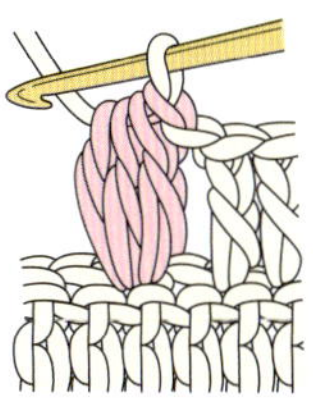

1. 한 코에 한길긴뜨기 하듯이 두 고리를 뺀다.

2. 다시 실을 감아 1번의 동작을 2번 더 한다.

3. 실을 감아 바늘에 걸린 고리에 한꺼번에 모아 빼준다.

4. 구슬뜨기 완성

tip 한길긴뜨기표시가 5개인 경우 2번 동작에서 한길긴뜨기의 중간 과정을 4번 더 하고 모든 거리를 한꺼번에 모아 빼주면 된다.

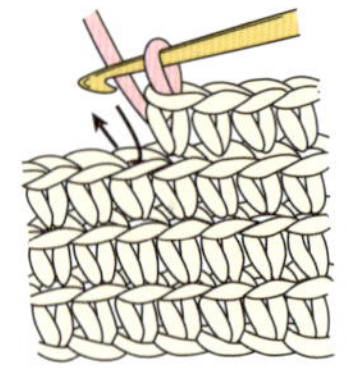 이랑뜨기

1. 원통으로 뜨는 방법으로 코의 뒤
   쪽 올에 걸어서 짧은뜨기한다.

팝콘뜨기

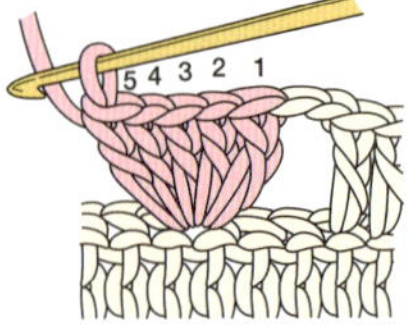
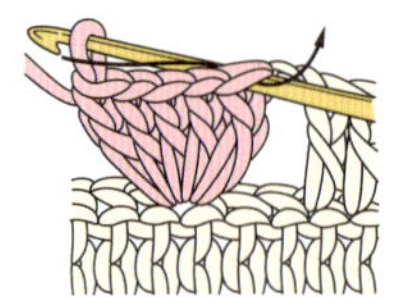
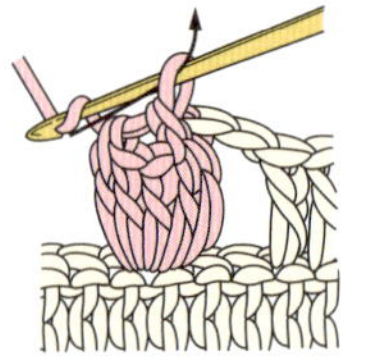
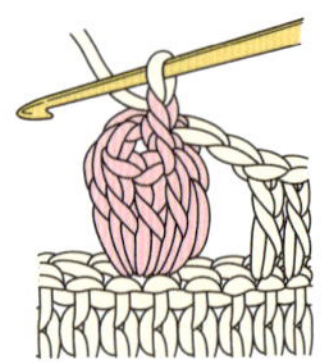

1. 한 코에 한길긴뜨기를 5코 뜬다
   (이 때 팝콘뜨기의 기호에 下 개수
   만큼만 뜨면 됨).

2. 1번 코에 바늘을 넣어 마지막 코
   를 뺀다.

3. 빼낸 코에 실을 감아 뺀다.

4. 팝콘뜨기 완성

모티프연결하기

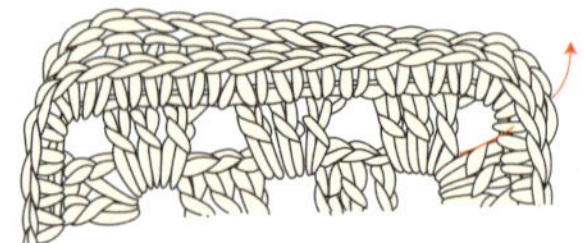
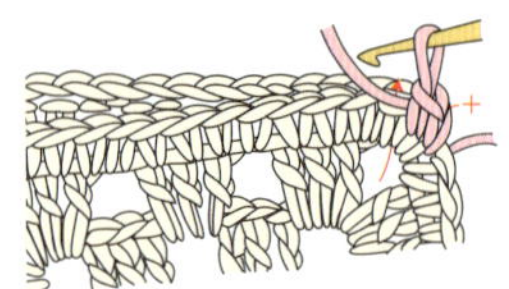
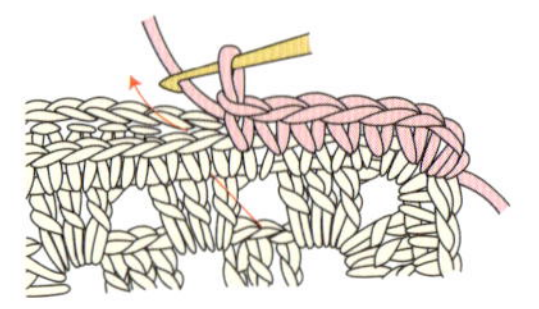

2. 안면을 맞대어 놓는다.

3. 코너 코에서 두 개의 모티프 코
   를 한꺼번에 짧은뜨기한다.

4. 매 코마다 짧은뜨기하여 두 모
   티프를 연결한다.

원형시작코

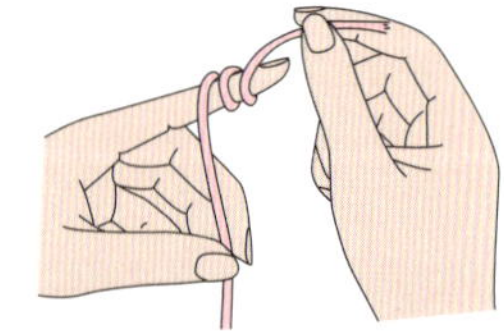
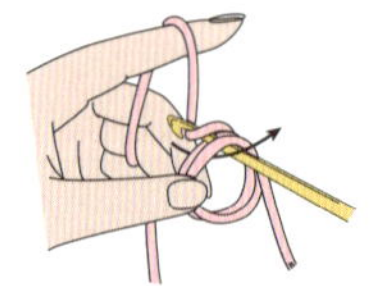
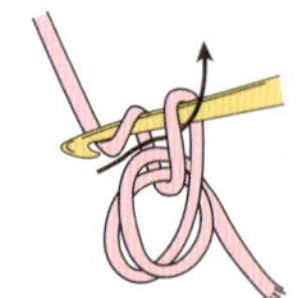
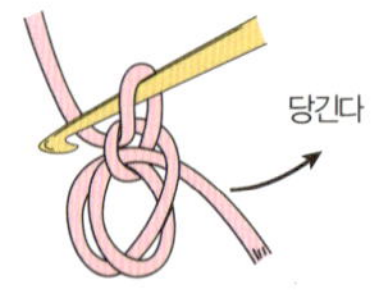

1. 손가락에 감아 고리를 만든다.

2. 만든 고리에 바늘을 넣어
   뜬다.

3. 짧은뜨기한다.

4. 원하는 콧수만큼 뜨고 고리
   의 실 끝을 당겨 오므린다.

작은 선물 · 작은 소품

아기자기하고 앙증맞은 뜨개 소품은 선물하기에 그리 부담스럽지 않으면서 선물의 효과는 큰 편이라 소소한 즐거움을 준다. 작고 귀여운 소품을 만들다 보면 뜨개의 매력에 서서히 빠지게 될 것이다.

보타이 How To Make ○ 58

남자아이도 어른처럼 멋지게 꾸미고 싶은 날이 가끔 있지요.
가족 모임이나 유치원, 혹은 학교 행사에서 돋보이고 싶을 때 연출해 보세요.
아빠와 아들의 커플룩으로 코디해도 멋지답니다.

p. 38의 넥칼라 연출

동전지갑
How To Make ◉ 60

가방이나 호주머니에 한두 개씩 굴러다니는 동전들.

가지고 다니기 귀찮아 놓고 다니면 꼭 필요하지요.

이런 동전들을 모아 넣을 수 있도록 작고 예쁜 지갑을 만들어 보세요.

필통 & 리코더 파우치

How To Make ◎ 62

리코더는 초등학생이라면 누구나 배우는 악기입니다. 그만큼 위생에 신경 써야 하지요.
막 굴리기 쉬운 개구쟁이에게도, 공주처럼 깔끔한 것을 좋아하는 꼬마 아가씨에게도
꼭 필요한 아이템이에요. 길이에 따라 필통이 될 수도 있지요.

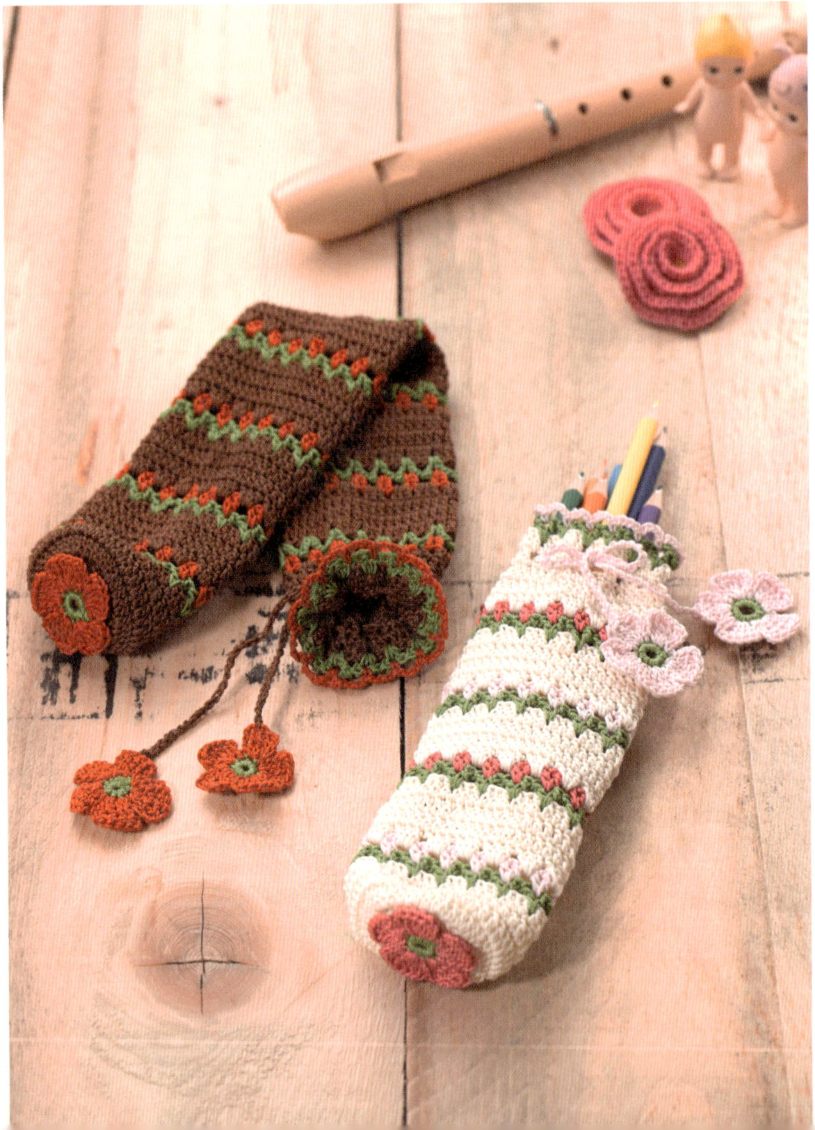

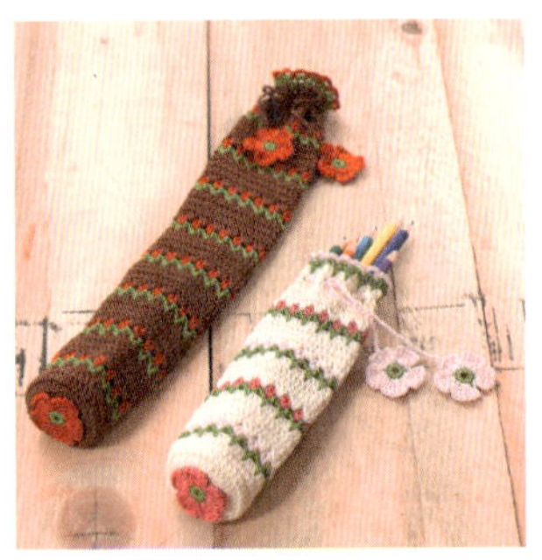

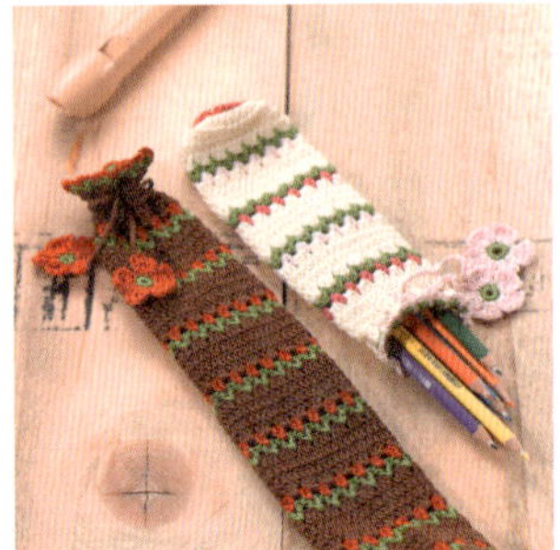

꽃 코르사주
How To Make ▸ 64

밋밋한 차림에 포인트를 주고 싶을 때

색상이나 실의 소재를 달리하여 멋진 코르사주를 만들어 달아 보세요.

우울한 기분을 전환시키기에도 좋고 부토니에 핀을 꽂으면 멋진 부토니에가 됩니다.

토끼 인형 북마크 How To Make ◗ 66

어디까지 읽었더라?

읽다가 만 책의 페이지를 표시할 때 꼭 필요한 북마크.

앙증맞고 귀여운 토끼 인형 북마크는 시선을 끌기에도 충분하지요.

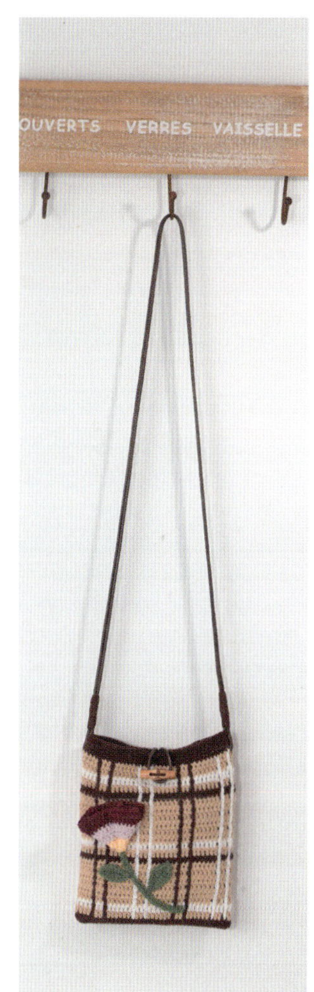

미니 가방
How To Make ◎ 68

가벼운 외출에 쓸 수 있는 귀여운 가방입니다.
끈의 길이에 따라 아이도 엄마도 다같이 사용할 수 있지요.

즐거운 외출

니터라면 외출 시에도 신경을 쓰기 마련이다. 뜨개 아이템을 한두 가지씩 착용해 멋진 니터임을 한껏 자랑해보자.

미니 케이프

How To Make ○ 70

깔끔하고 단정하게 차려입고 싶다면
손으로 직접 뜬 케이프로 멋을 내보세요.
칼라가 없는 티셔츠나 원피스, 블라우스 상관 없이 소녀의 감성을 자극한답니다.

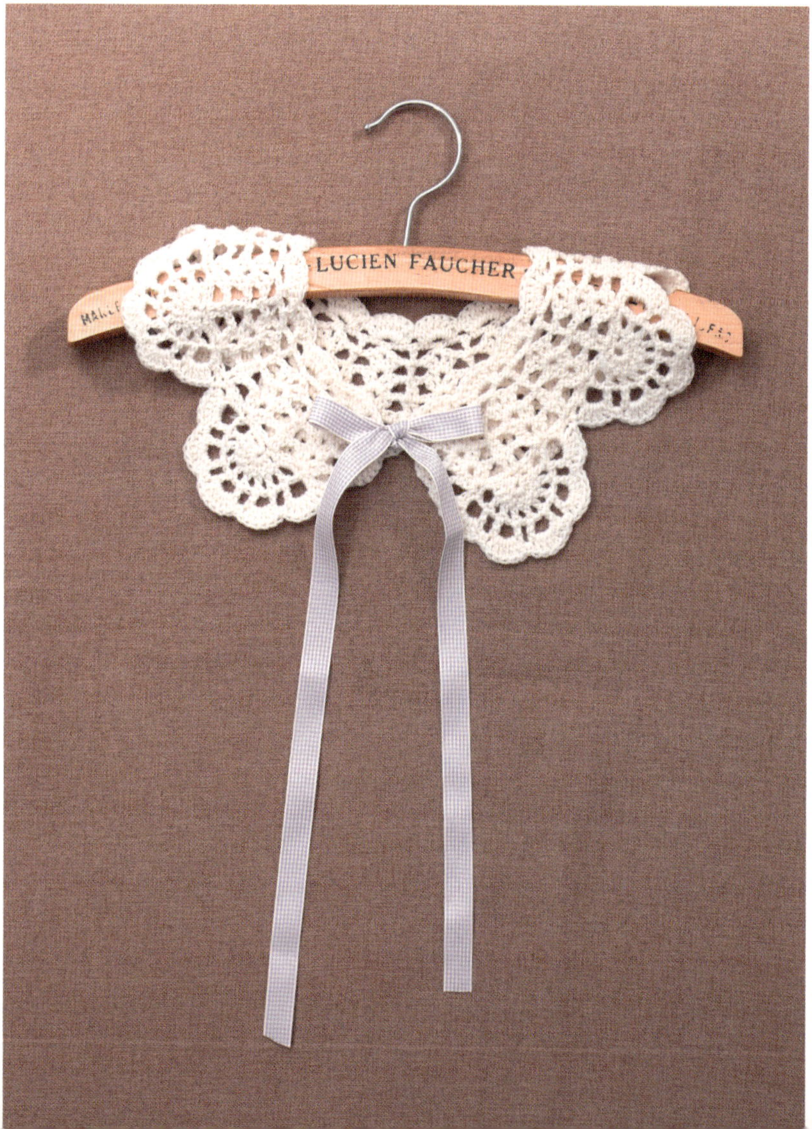

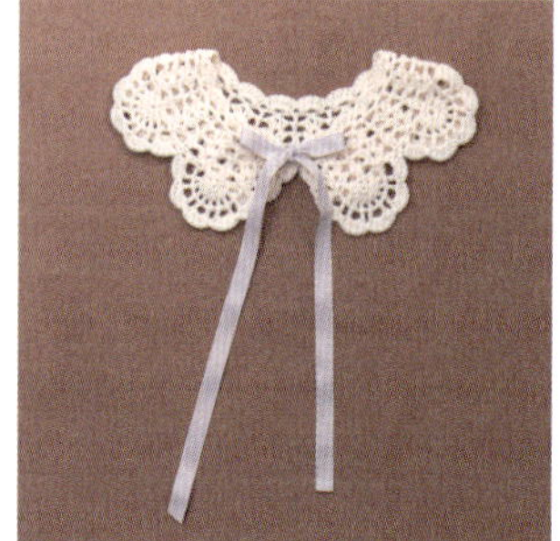

손목 워머 How To Make ⊙ 72

특별한 기법이 없어도 추운 날 장갑 대용으로 손색이 없지요.

외투 밖으로 살짝 보이는 워머는 아주 실용적인 아이템이에요.

옷의 팔 길이에 따라 워머의 길이도 다르게 만들어 돋보이는 감각을 뽐내 보세요.

벙어리장갑

How To Make ◎ 74

손뜨개 아이템의 스테디셀러인 벙어리장갑은
누구나 한번쯤은 뜨고 싶어 하고 갖고 싶어 하는 아이템이지요.
흰 눈이 내리는 날, 사랑하는 사람을 만나러 가는 날 어울리는 장갑이에요.

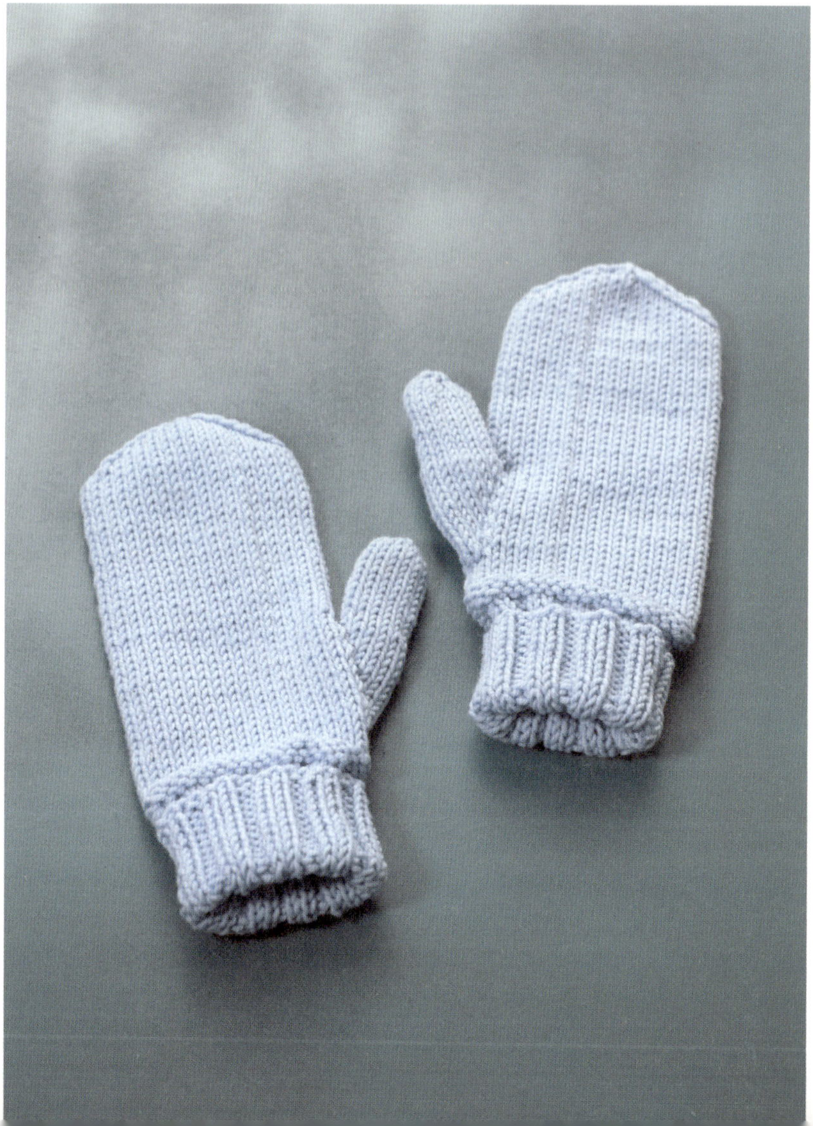

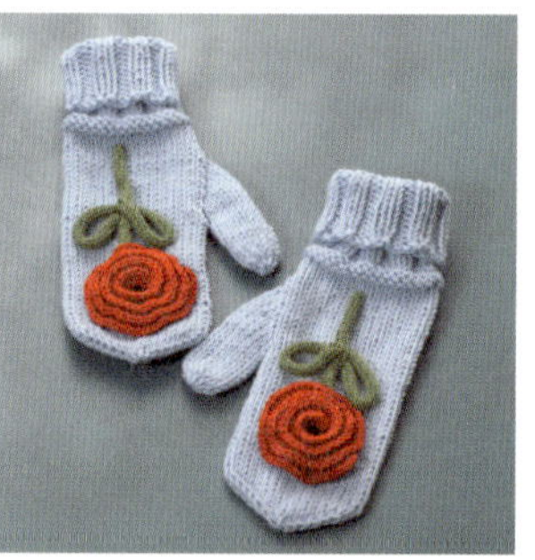

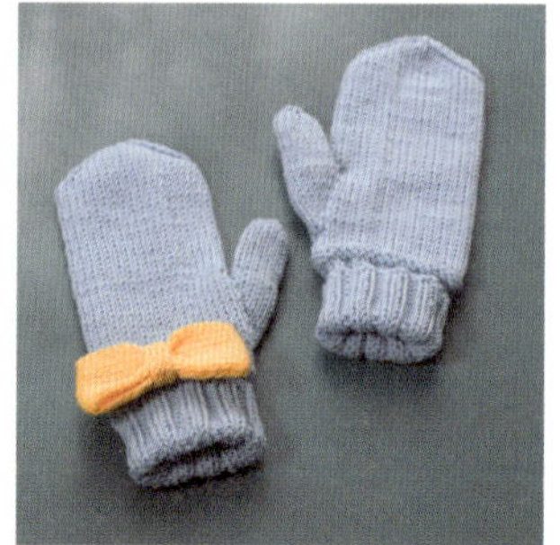

편물 목걸이와 장식핀 How To Make ◎ 76

뜨개를 할 때 반드시 정해진 뜨개바늘을 사용하라는 고정관념은 버리세요.
이쑤시개도 멋진 뜨개바늘이 될 수 있고 뜨개 액세서리로 변신이 가능하답니다.

캔뚜껑고리 팔찌 How To Make ● 78

캔뚜껑고리로도 멋진 팔찌를 만들 수 있어요.
가죽 자켓이나 청바지에도 잘 어울리는 소품이에요.

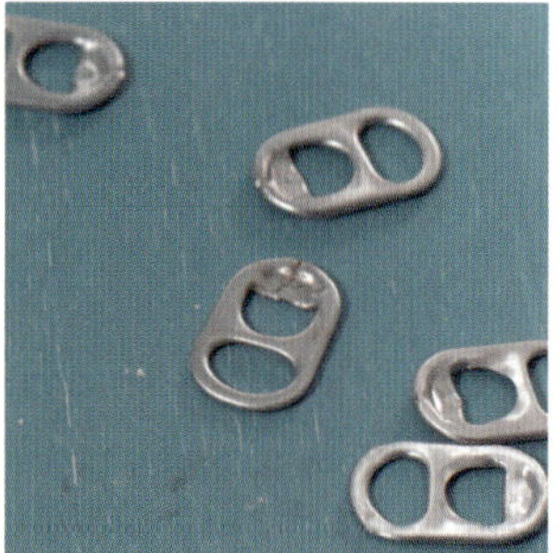

부엉이 모자
How To Make ⊙ 80

귀여운 부엉이가 나란히나란히
모자의 뒤쪽은 꽃모양으로 끝나는 데일리 아이템입니다.
시간이 흐르고 세월이 지나도 오래오래 사랑받는 모자이지요.

그래니 스퀘어 모티프 볼레로 How To Make ❯ 82

심플한 그래니 스퀘어 모티프로 볼레로를 만들어 보세요.
간절기에 잠깐 외출할 때 유용하여 사랑받는 옷이랍니다.
모티프 조각을 늘리면 또 다른 느낌의 볼레로가 될 수 있지요.

그래니 스퀘어 모티프 볼레로 How To Make ❯ 82

간단 목도리 How To Make ◎ 86

칭칭 감고 둘둘 말아야 하는 목도리가 거추장스럽다면
한 번에 해결할 수 있는 간단한 목도리를 만들어 보세요.
목도 따뜻하고 간편해서 추천하는 아이템입니다.

넥칼라

How To Make ○ 88

밋밋한 라운드 셔츠에 코디하면 패션이 완성되는 느낌입니다.
색색별로 만들어 두었다가 기분에 따라 연출하는 것도 재미있고
넥칼라만으로 심심하다면 보타이로 포인트를 줄 수 있어요.

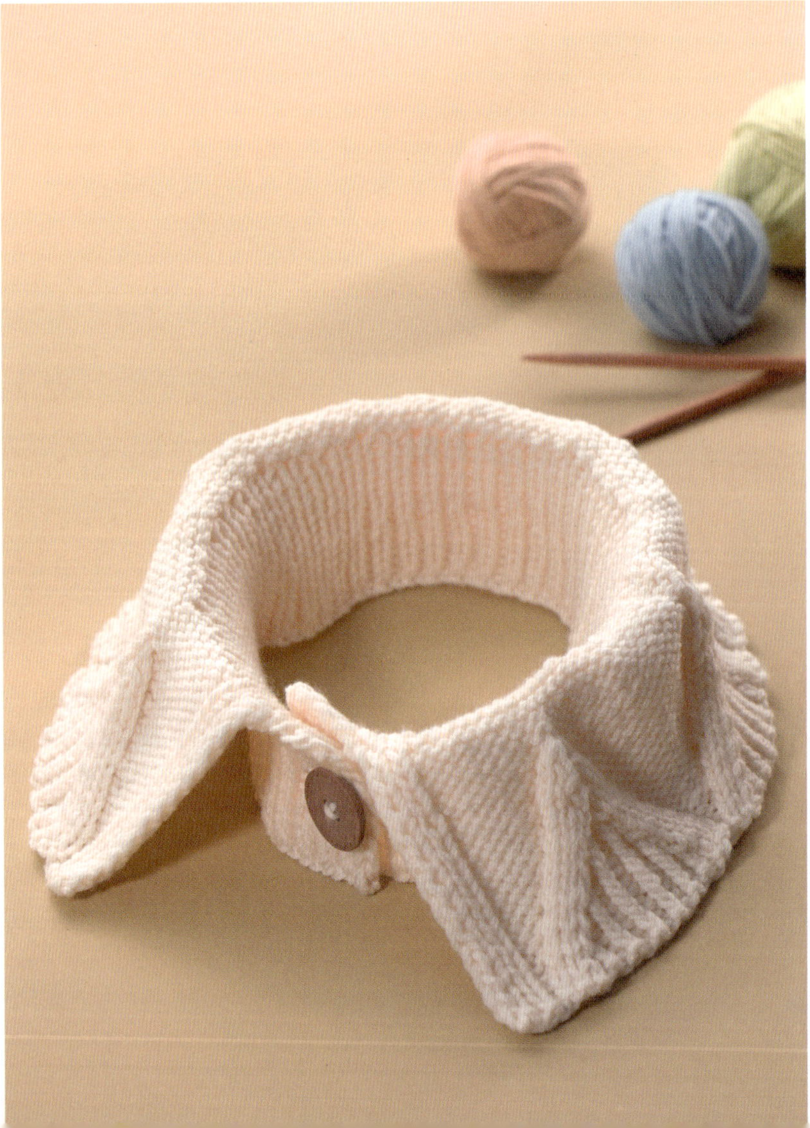

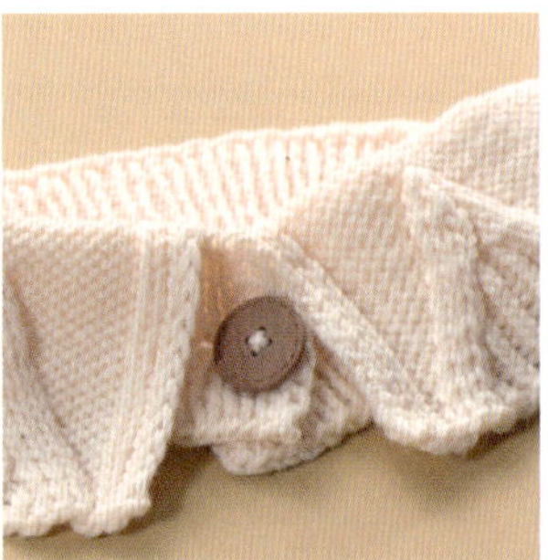

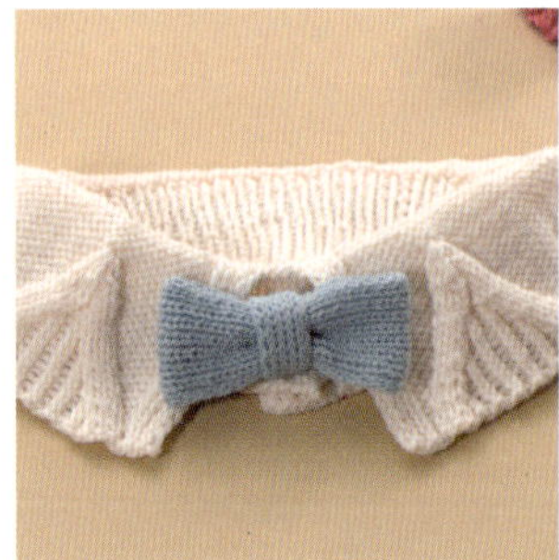

크로스백
How To Make ● 90

가벼운 외출 시 간단하게 교통 카드와 동전지갑, 티슈 등 이것저것 담을 수 있어 실용적인 가방이에요.
가방 끈 안쪽에 펠트를 붙이면 늘어나지 않고 탄탄해지지요.

보닛 모자

How To Make ➡ 92

귀여운 보닛 스타일 모자로 아기부터 어른까지 두루 쓸 수 있는 아이템입니다.
실의 굵기를 다르게 하여 굵은 실로는 어른 모자를 뜨고 가는 실로는 신생아 모자까지 가능하지요.
한 가지 도안으로 여러 사이즈의 모자를 만들어 보는 것도 흥미로운 작업이 됩니다.

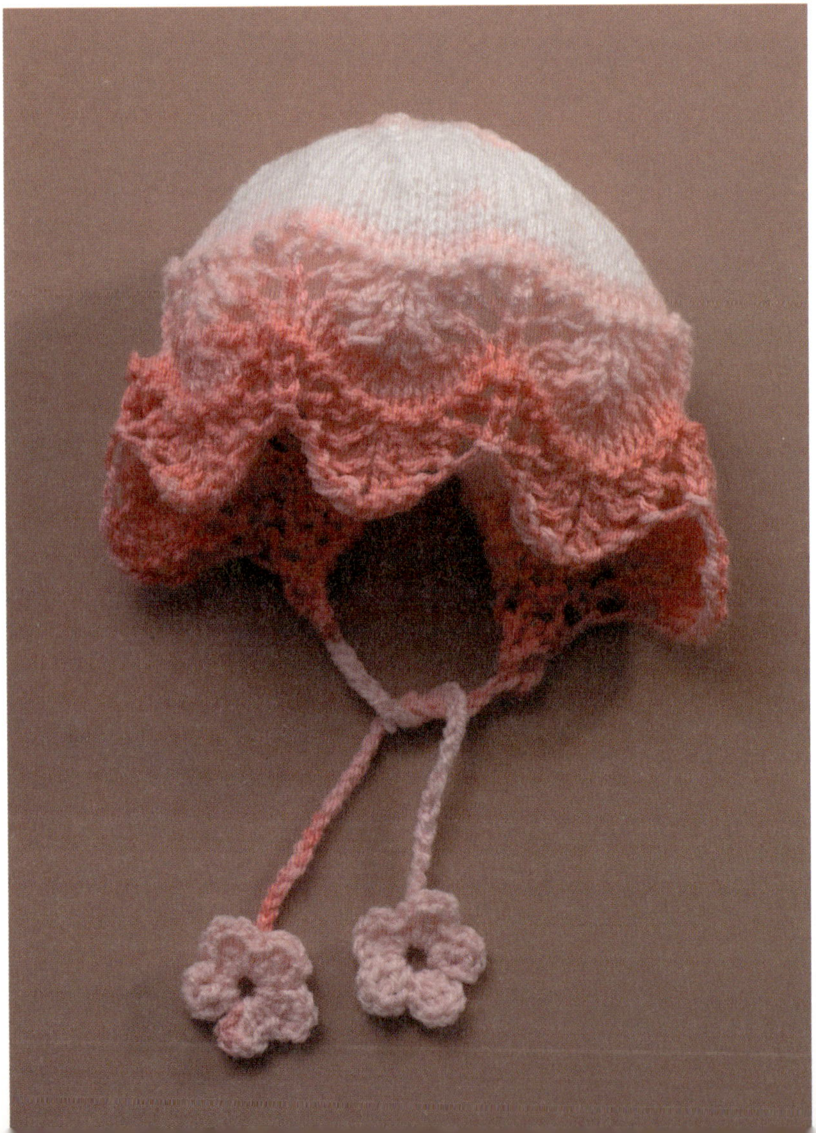

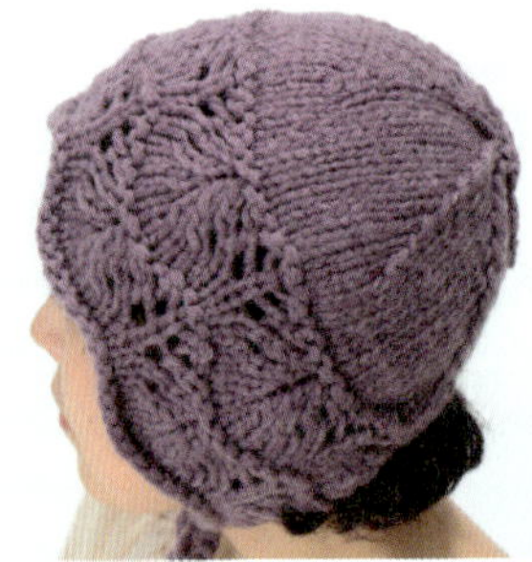

엄마랑 아이랑

엄마랑 아이랑 커플처럼 입으면 그보다 사랑스러울 수는 없을 것이다. 엄마랑 아이랑 또 하나의 추억을 만들어보자.

두건 How To Make ◐ 94 앞치마 How To Make ◐ 98

두건은 모자로도 사용하고 접어서 넥워머로도 두를 수 있습니다.

면사를 이용해 작게 만들면 신생아부터 어린이까지 두루 사용할 수 있어요.

어른용은 목이 쓸쓸한 분들에게 사랑받는 아이템이지요.

앞치마는 아이의 놀이옷으로 입을 수 있고, 원피스에 코디하기도 좋아요. 두건과 같이 러블리룩으로 완성되지요.

왕관 How To Make ➲ 102

아이들은 누구나 왕자와 공주가 되고 싶어 해요.
왕관 하나로도 동화 속 주인공이 될 수 있답니다.

티아라·꽃·모자 머리핀

How To Make ▶ 104

아기자기하고 사랑스러운 티아라, 꽃, 모자 모양의 머리핀으로 귀여움을 한껏 발산해 보세요.
이 작고 귀여운 모티프들은 코르사주와 부토니에로도 활용할 수 있답니다.

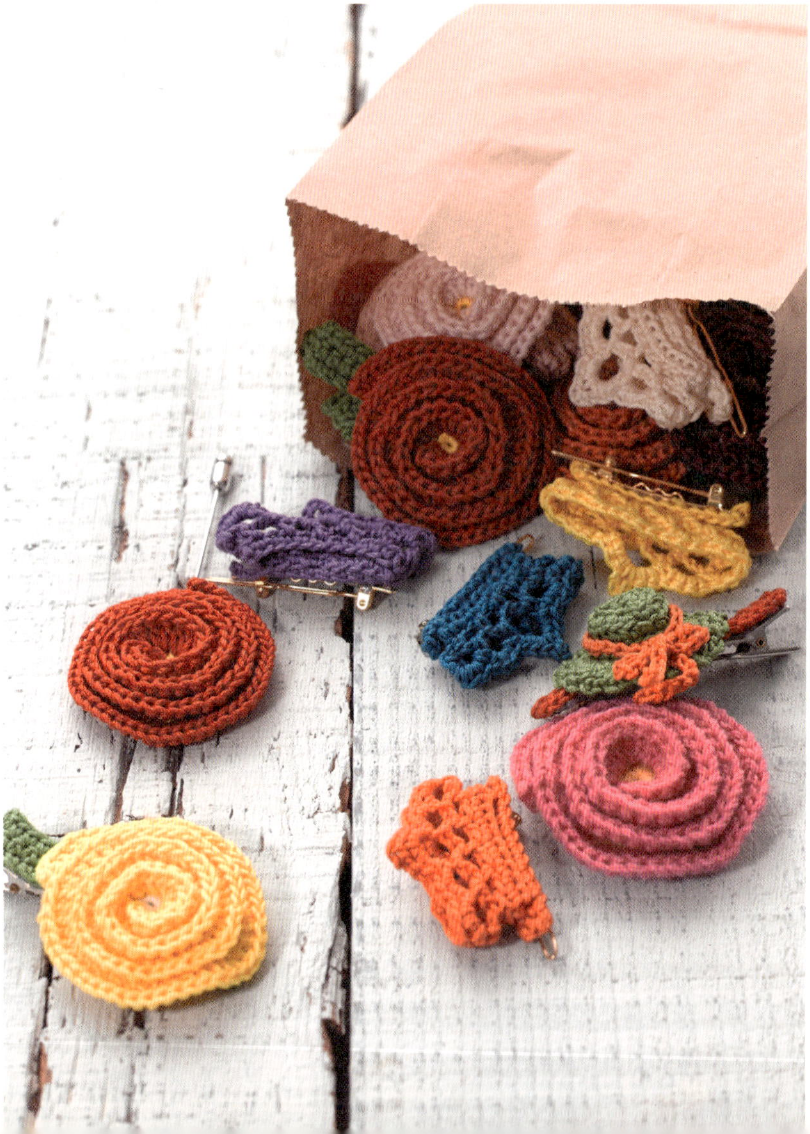

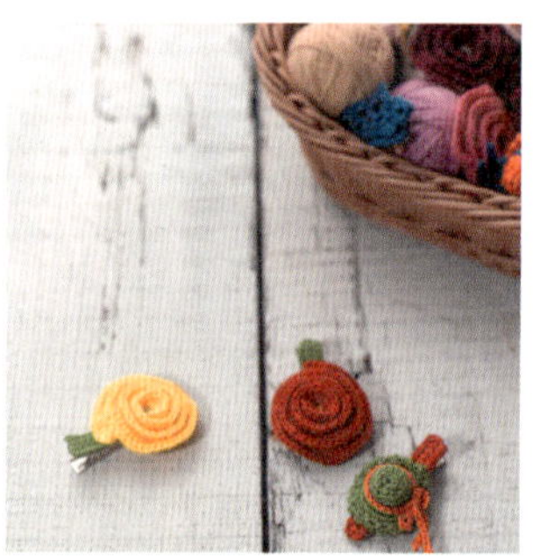

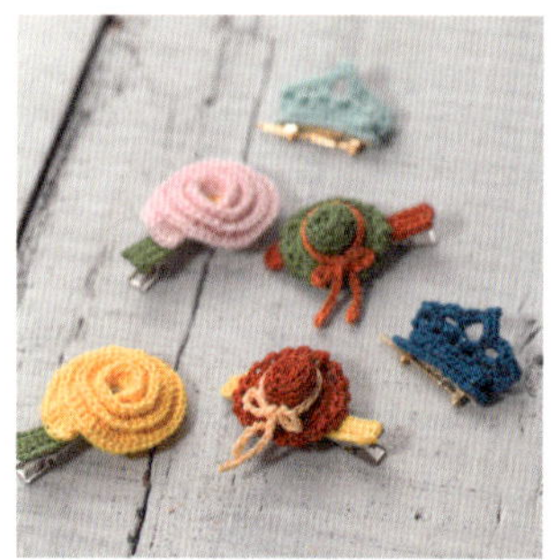

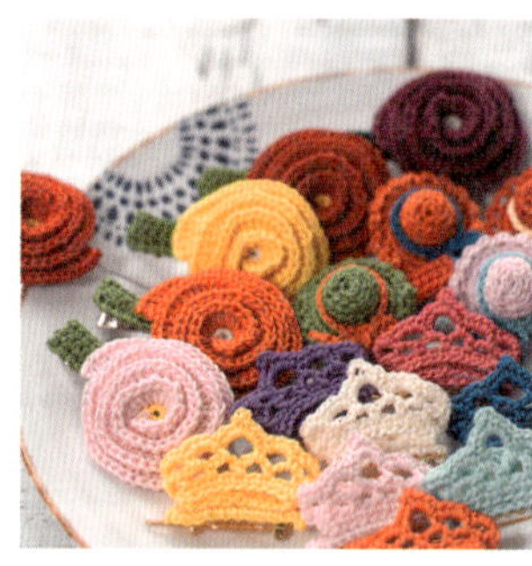

그래니 스퀘어 모티프 파우치 How To Make ⊙ 108

모티프 다섯 장만으로도 산뜻함을 선물할 수 있어요.

깔끔하고 단정한 파우치에 작은 화장품들과 동전지갑을 넣어 보세요.

가방에 쏙 넣기도 좋고 따로 들고 다니기에도 간편합니다.

나뭇잎 머리띠 How To Make ● 110

금색실을 사용해서 만든 작은 이파리 무늬로 머리띠를 만들어 보세요.

머리띠 하나로도 그날의 느낌이 확 달라집니다.

수수하면서도 매력을 뽐낼 수 있는 아이템이지요.

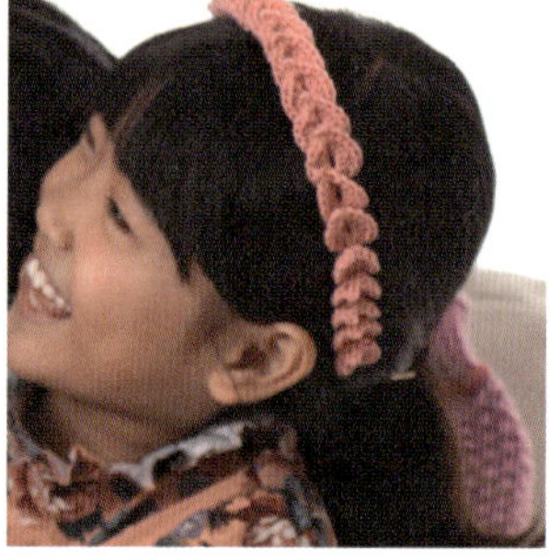

행복한 우리 집

편안하면서도 따뜻한 분위기로 집안을 연출해보자. 예쁘고 밝은 색깔의 소품을 바라보면 매일의 일상이 즐거워질 것이다.

핀쿠션 How To Make ● 112

핀쿠션은 니터에게 필수품이지요.
구름솜을 가득 넣어 탱글탱글한 핀쿠션을 만들어 보세요.
여기 저기 굴러다니기 쉬운 옷핀마저 멋진 장식이 됩니다.

해바라기 장식 How To Make ○ 114

풍요를 가져온다는 해바라기는 리본 끝에 종을 달아 풍경으로 사용할 수 있지요.
커튼을 묶으면 집안 분위기도 달라지고 작은 해바라기는 리본을 묶어 선물 상자를 포장하면 색다른 선물이 됩니다.
작은 담요나 러그를 보관할 때도 하나씩 묶어두면 깔끔하게 정리된답니다.

커튼 협찬_집사랑

인형 손목 쿠션 How To Make ● 116

매일 컴퓨터로 작업하는 시간이 많다면 피로한 손목을 위해 작은 쿠션을 만들어 보세요.

따뜻한 온기가 더해져 손목의 피로도 훅 날아가지요.

부드러운 촉감의 토끼 쿠션은 아기들의 베개로도 사용할 수 있어요.

미니숄 How To Make ◉ 118

화사하고 부드러운 느낌의 숄은 멀티 아이템이에요.

일하면서 둘러도 흘러 내리지 않고 어깨에 걸쳐 뒤로 묶으면 깜찍한 볼레로가 됩니다.

목에 둘둘 걸치면 목도리가 되고 어깨에 가볍게 걸치면 우아한 숄로 변신하지요.

수면양말
How To Make ● 122

한겨울이 아니어도 간절기의 실내는 바닥이 많이 차갑지요.

난방을 하기 애매한 때라면 보온용 수면양말이 최고입니다.

대바늘로도 손쉽게 양말을 만들 수 있고 한겨울 집 안에서 따뜻하게 발을 감싸줄 것입니다.

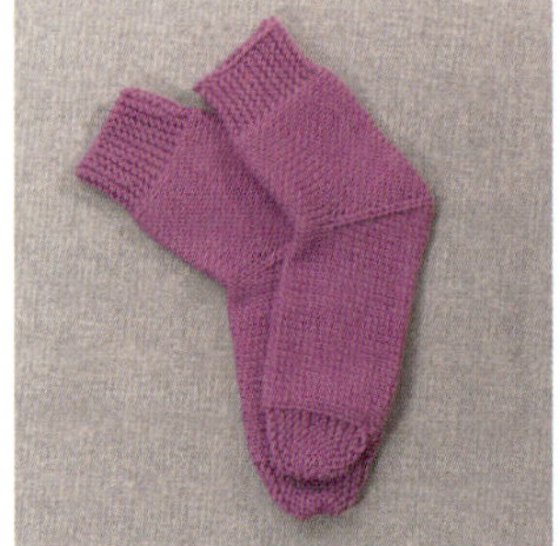

발레리나 덧신 How To Make ⊙ 124

발레리나 슈즈를 신은 것처럼 러블리한 덧신이에요.
발모양이 갸름하고 예뻐 보여서 신으면 기분이 좋아지지요.

러블리 쿠션 How To Make ● 126

쿠션은 끌어안고 뒹굴 때 꼭 필요한 아이템이에요.
부드럽고 포근한 실로 완성하면 더욱 애착이 갑니다.
사용하지 않고 그냥 두기만해도 멋진 인테리어 소품이지요.

미니 러그
How To Make ◉ 130

카펫과 유사한 러그는 욕실, 침실, 부엌, 아이들 방 어느 곳에나 어울리지요.
앞뒤 구분 없이 사용할 수 있고 심플한 분위기를 연출하기에도 한몫 한답니다.
무릎 덮개로 사용해도 좋아요.

How to Make

실	5ply밀레니엄 연하늘색 · 초록색 각 9g
바늘	대바늘 3mm
사이즈	가로 10.5cm, 세로 약 4cm, 끈 길이 20cm

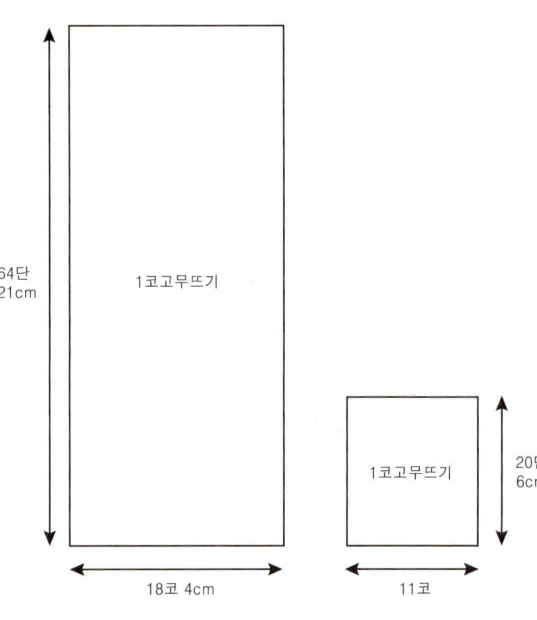

만들어 보세요

1_ 일반코로 18코를 만들어 한코고무뜨기 64단을 뜬다.

2_ 고무뜨기 덮어코막음으로 마무리한다.

3_ 보타이 여밈 11코를 만들어 20단을 뜨고 고무뜨기 덮어코 막음으로 마무리한다.

4_ 아이코드 방법으로 22cm가 될 때까지 끈을 떠준다.

5_ 보타이를 접어 꿰매고 보타이 여밈을 리본 중앙에 고정시켜 뒤쪽으로 꿰맨다.

6_ 보타이 여밈에 아이코드 끈을 끼우고 고무 밴드는 아이코드 양쪽에 고정시킨다.

편물을 다 뜬 다음 스팀을 주면 편물이 고르고 예뻐집니다.
한코고무뜨기 마무리는 덮어코막음으로 합니다. 이때 겉뜨기코는 겉뜨기로 뜬 뒤 덮어주고 안뜨기코는 안뜨기로 뜬 뒤 덮어줍니다.

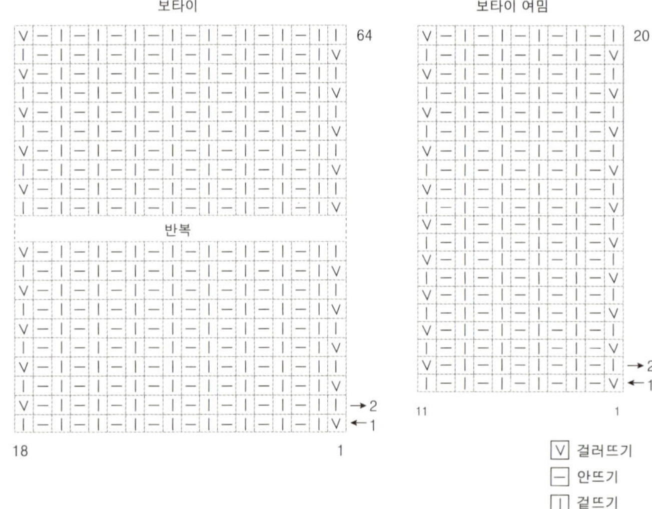

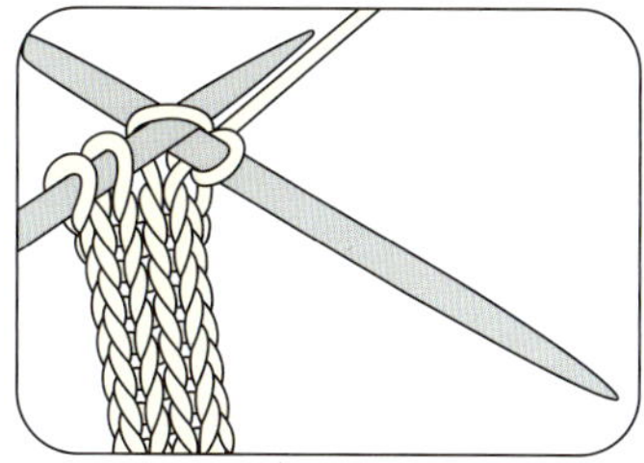 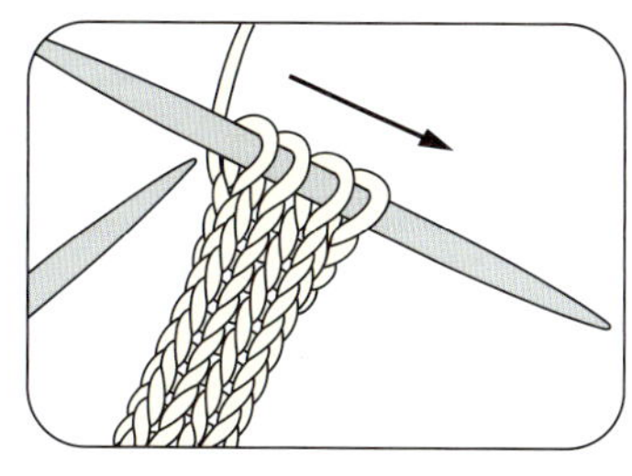 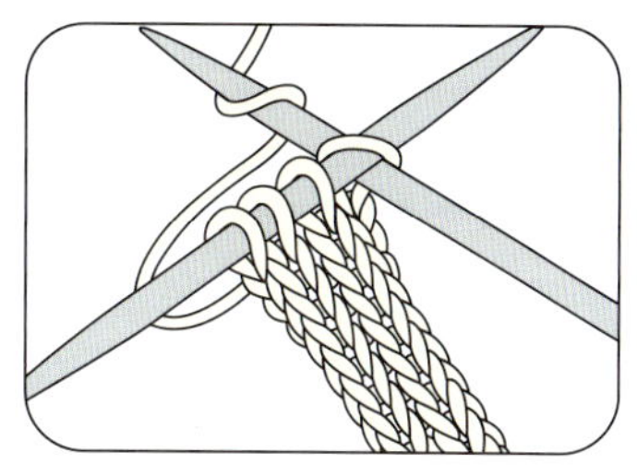

1 4코를 만들어 겉뜨기한다.　　2 화살표 방향으로 편물을 밀어　　3 4코를 겉뜨기한다.
　　　　　　　　　　　　　　　　　준다.

아이코드 끈은 20cm 정도 길이로 뜨고 착용하는 사람의 목둘레와 고무 밴드의 길이에 따라 조정하면 된다.

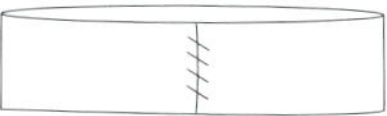
반으로 접어 꿰맨다.

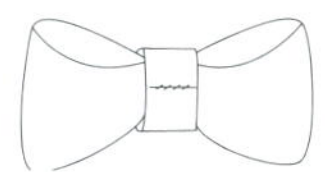
보타이 여밈을 타이트하게 둘러서 꿰맨다.

앞

뒤

 아이코드의 길이를 길게 뜨면 머리띠로 활용
할 수 있고, 보타이 리본은 머리핀으로 응용할
수 있습니다.

실	코튼데이트 연핑크 · 하늘색 · 크림색 각 3g, 진핑크 4g
바늘	모사용 코바늘 3/0호
부자재	단추
사이즈	무게 9g, 지름 9.5cm

동전지갑은 자투리 실을 모아 두었다가 만들기 좋은 아이템이다.

원형 모티프는 전체 5단이므로 매단 다른 색을 사용해도 좋고 두 가지 색으로만 배색

해도 예쁘다. 색을 바꿀 때는 매단 실을 끊고 새로 실을 걸어서 뜨는 것이 깔끔하다.

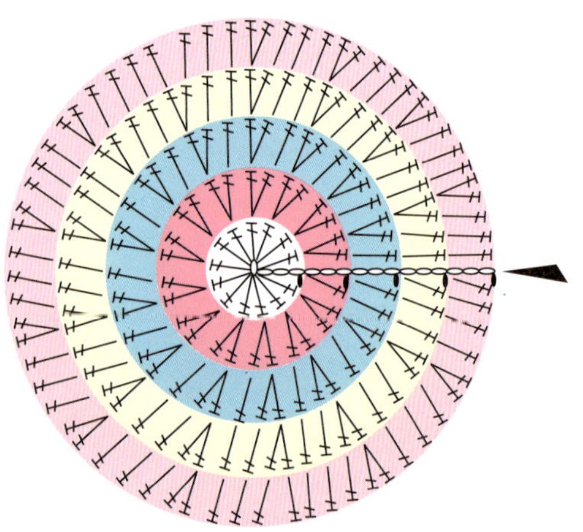

그림 1. 원형 모티프

1단_ 한길긴뜨기 14코

2단_ 한길긴뜨기 28(+14코)

3단_ 42코(+14코)

4단_ 56코(+14코)

5단_ 68코(+12코)

부채무늬는 4코가 한 무늬로

총 17무늬가 된다.

만들어 보세요

1_ 원형 모티프 두 장을 만든다. 모티프의 5단에서는 2코가 덜 늘어난다.

2_ 원형 모티프 두 장을 맞대고 그림 2를 참고해 가장자리에 부채무늬를 떠 넣는다.

3_ 한 장만 부채무늬 7무늬를 뜨고, 두 장을 맞대어 부채무늬 10무늬를 뜬다.

4_ 뒷면의 원형 모티프에 새로 실을 걸어 부채무늬 7무늬와 단추 고리를 완성한다.

시작코 만들기
기둥코+사슬1코에 넣어서 원형뜨기

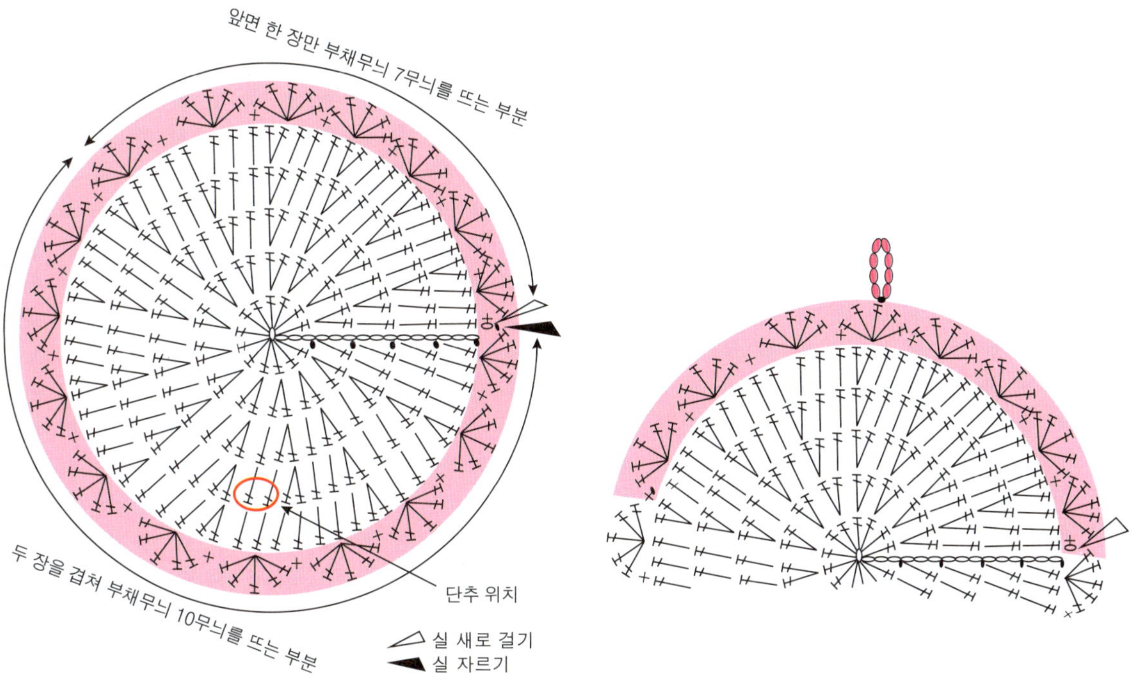

그림 2. 원형 모티프 뒷면에 부채무늬 뜨기와 단추 고리 만들기

원형 모티프 2장을 만든 다음 부채무늬 10무늬는 2장을 겹쳐 뜨고 나머지 7무늬는 각각 떠준다.
뒷면 모티프의 7무늬 중간 부분에 사슬코 고리를 떠서 단추 고리를 만든다.

실	코튼데이트 총 50g 밤색 · 연두색 · 빨간색
바늘	모사용 코바늘 2/0호
사이즈	바닥지름 5cm, 길이 36cm(리코더파우치)

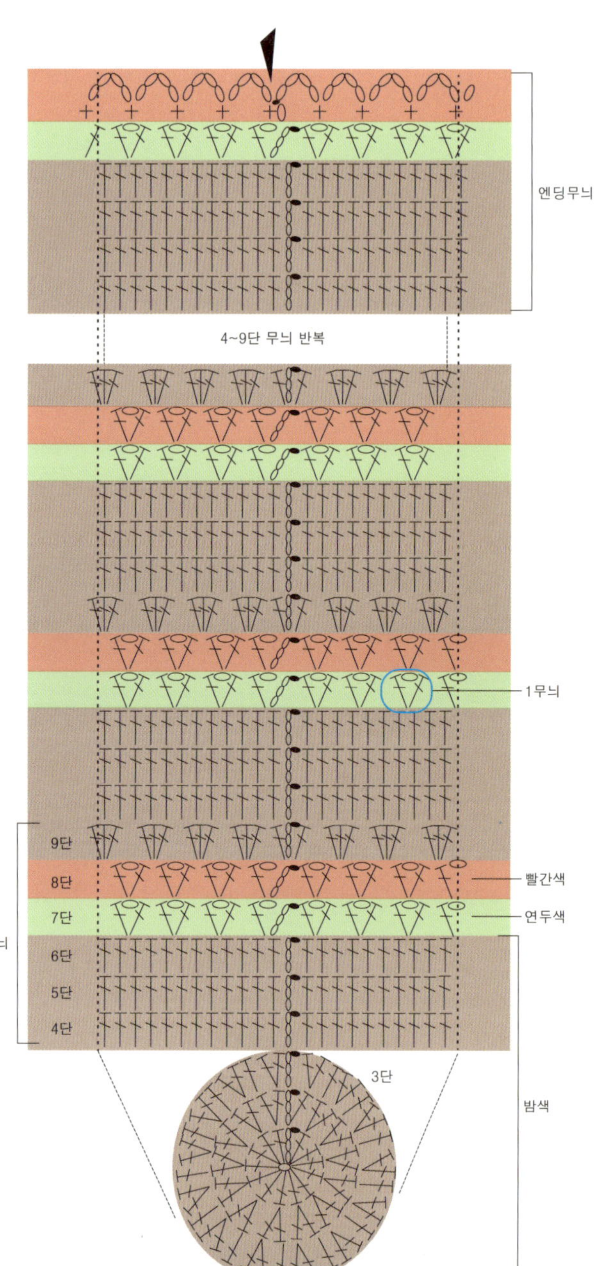

원형 고리는 밤색실로 시작한다.

1단_ 한길긴뜨기 14코

2단_ 한길긴뜨기 28코(+14코)

3단_ 한길긴뜨기 42코(+14코)

4~6단_ 42코. 밤색실을 자른다.

7단_ 연두색 실을 새로 걸어 한길긴뜨기 사이에 무늬를 걸어서 뜬다(14무늬).

8단_ 빨간색 실을 새로 걸어서 뜬다(14무늬).

9단_ 다시 밤색 실을 새로 걸어 한길긴뜨기를 한길긴뜨기 사이에 3코 걸어서 뜬다.
4~9단을 원하는 길이만큼 반복한다. 엔딩무늬 6단을 뜨고 마무리한다.

만들어 보세요

1 도안을 보고 리코더무늬를 뜬다. 리코더는 한방향으로 돌아가면서 원통으로 뜬다.

2 7단째에서 한길긴뜨기-사슬1코-한길긴뜨기 무늬는 한길긴뜨기와 한길긴뜨기 사이에 걸어서 뜬다.

3 9단째에서도 한길긴뜨기를 아랫단의 한길긴뜨기 사이에 걸어서 뜬다.

4 끈과 꽃 모티프를 만들고 엔딩무늬의 3단 부분에 끈을 넣는다.

리코더 파우치
바닥3단+8무늬(48단)+6단

필통
바닥3단+4무늬(24단)+6단

꽃 모티프 3장과 사슬뜨기 80코를 만든다.

사슬끈의 양 끝에 꽃 모티프를 붙인다.

꽃 모티프 한 장은 파우치 바닥에 붙인다.

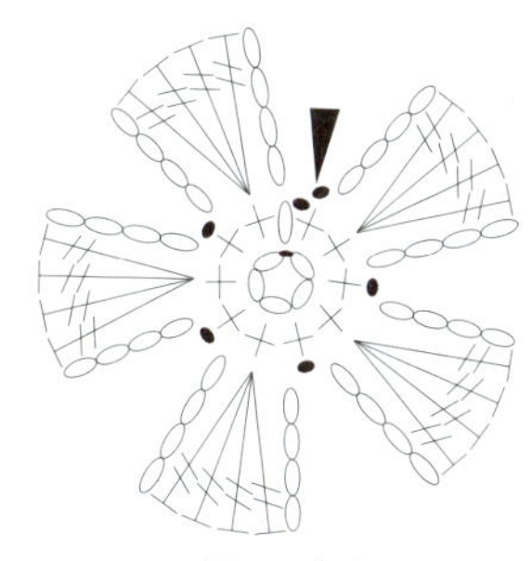

〈꽃 모티프〉

꽃 모티프는 먼저 사슬 5코를 만들고 빼뜨기를 한 다음
사슬코 몸통에 걸어 짧은뜨기 10코를 뜬다.

먼저 끈을 파우치에 끼운 뒤 꽃 모티프를 붙
이면 작업이 훨씬 수월합니다.

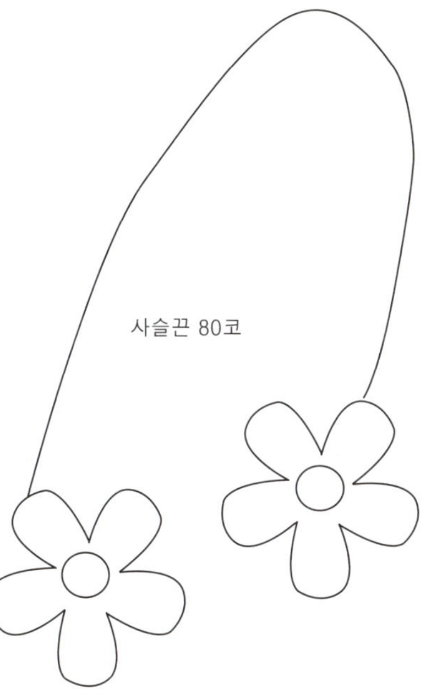

사슬끈 80코

사진처럼 끈을 끼워 넣는다.

길이에 따라 길게 뜨면 리코더 파우치가 되고,
짧게 뜨면 필통이 됩니다. 배색실을 바꿀 때는
실을 자르고 새로 실을 걸어서 뜨는 것이 깔끔
합니다.

실	키드모헤어(1볼 30g) 연핑크 5g 미만
바늘	대바늘 5mm
부자재	코르사주 핀, 부토니에 핀, 여러 종류의 리본테이프

가는 모헤어로 느슨하게 떠서 화사한 느낌의 코르사주를 만든다.

시작코를 140코로 느슨하게 만든다.

1단(겉면)_ 겉뜨기 2코, 안뜨기 2코를 반복하여 끝까지 뜬다. 안뜨기 2코로 끝난다.

2단(뒷면)~4단(뒷면)_ 1단과 같은 방법으로 뜬다.

5단(겉면)_ 겉뜨기 2코, 안뜨기두코모아뜨기를 반복한다. 마지막은 안뜨기두코모아뜨기로 끝난다(105코가 됨).

6단(뒷면)_ 겉뜨기 1코, 안뜨기두코모아뜨기를 반복한다(70코가 됨).

7단(겉면)_ 겉뜨기 1코, 안뜨기 1코를 반복하여 뜬다.

코막음을 하지 않고 남은 코에 실을 통과시킨다.

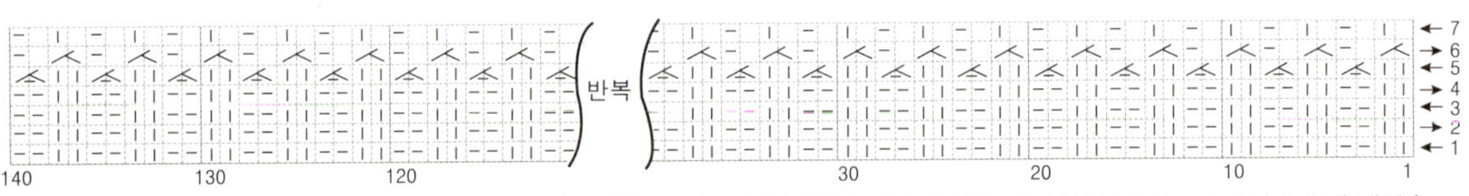

↙ 겉뜨기두코모아뜨기(실제로 뒷면에 뜨기 때문에 안뜨기두코모아뜨기로 뜨게 된다.)
↘ 안뜨기두코모아뜨기

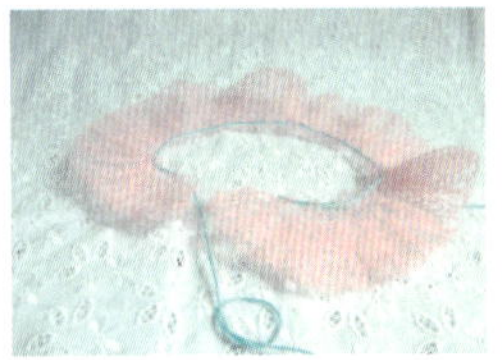

7단 뜬 후 실을 통과시킨 상태

마무리의 방법에 따라 다양한 꽃의 코르사주를 만들 수 있다.
먼저 7단을 뜨고 나서 모든 코에 별도의 실을 통과시켜 오므려 당기거나 모든 코를 덮어코
막음한 뒤 돌돌 말아주면 꽃의 모양이 달라진다.

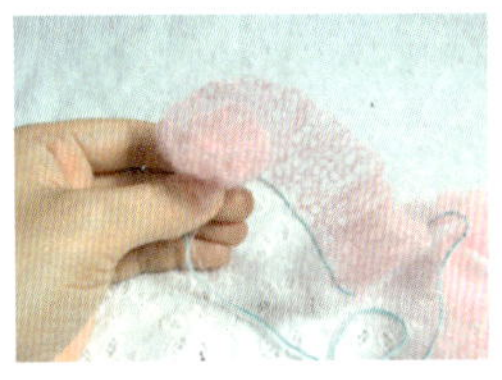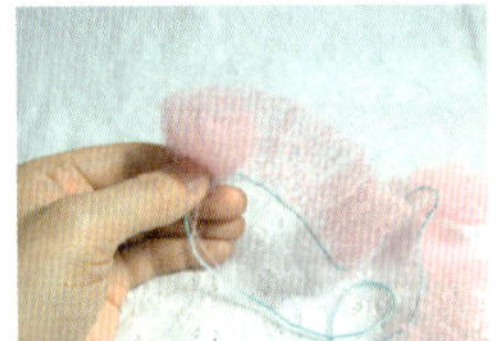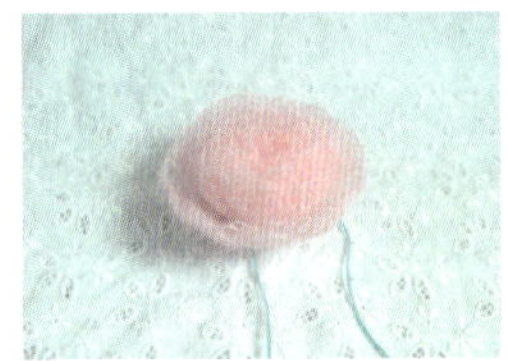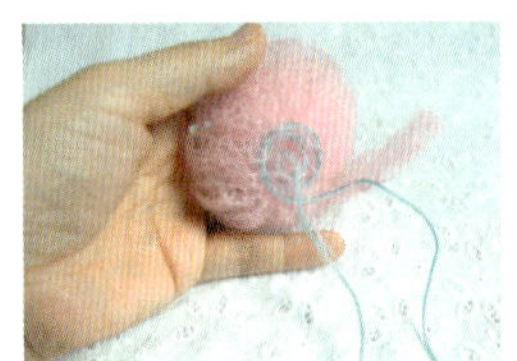

덜 핀 듯한 꽃봉오리 만들기

통과시킨 실을 적당히 당긴 다음 꽃잎을 말아 마무리하면 덜 핀 듯한 꽃이 된다. 통과시킨 실을 바짝 오므린
다음 꽃잎을 펴면 카네이션이 된다.

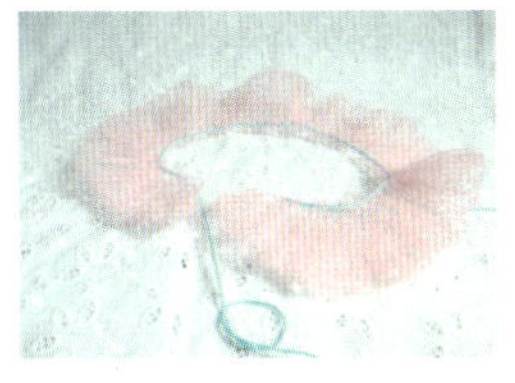 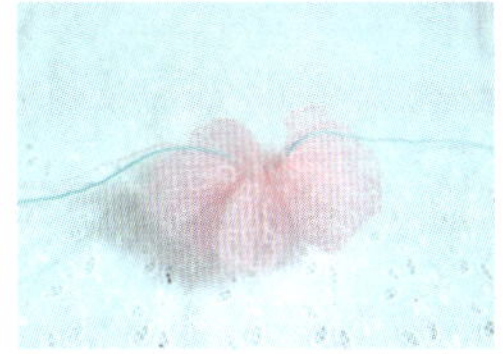 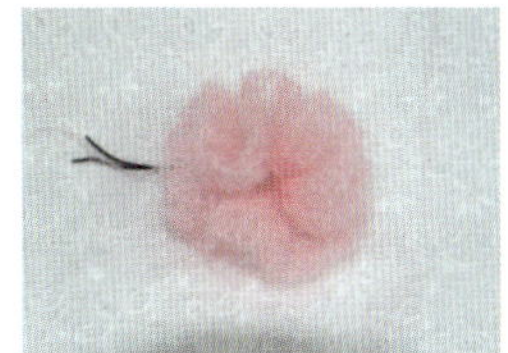

카네이션 만들기

꽃뜨기를 한 다음 7단째에 실을 통과시켜 당겨 바짝 오므린다. 작은 카네이션은
꽃 한 개로 만들고 만일 풍성한 카네이션을 만들고 싶다면 두세 개의 꽃을 겹쳐서
만든다.

 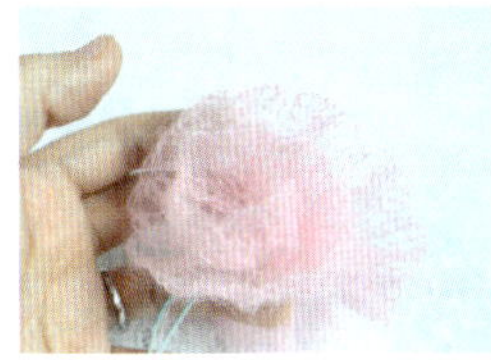 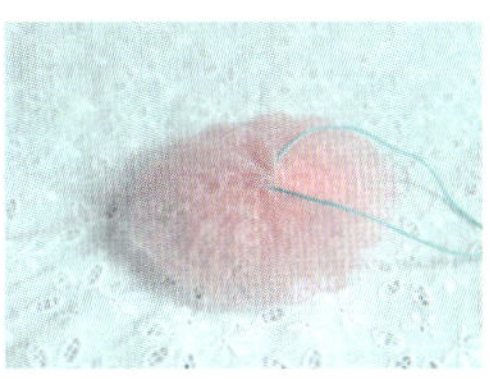 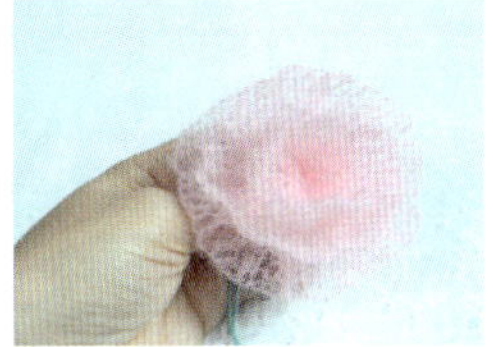

활짝 핀 꽃봉오리 만들기

통과시킨 실을 당긴 상태에서 꽃잎의 안쪽부터 잘 펴면서 돌돌 말아준다.

  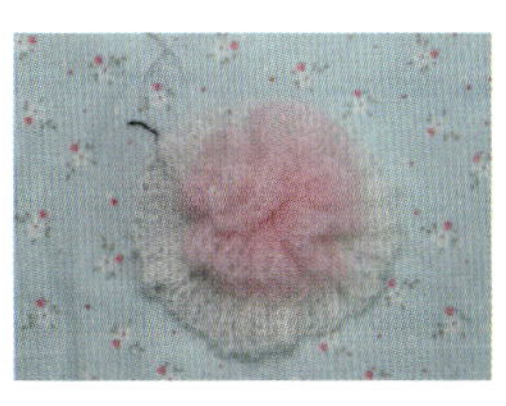

1   2   3

실을 적당히 당겨 마무리하고 카네이션 코르사주 방법처럼 바짝 오므린 뒤 꽃잎
을 정리한다. 1번 꽃잎 위에 2번 꽃을 올려 코르사주를 완성한다.
위 방법 중 선택하여 꽃잎을 말아놓은 뒤 아래 사진처럼 마무리한다.

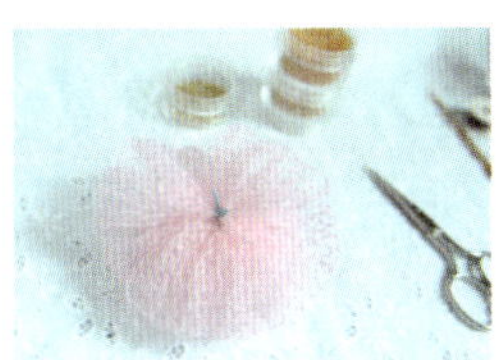 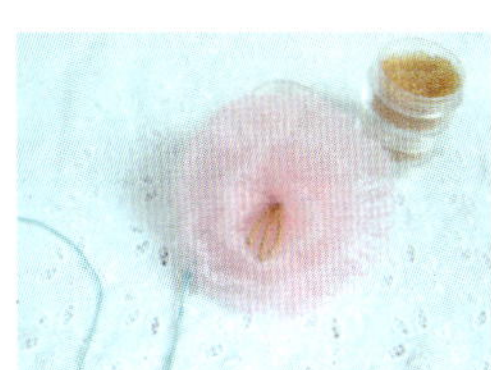  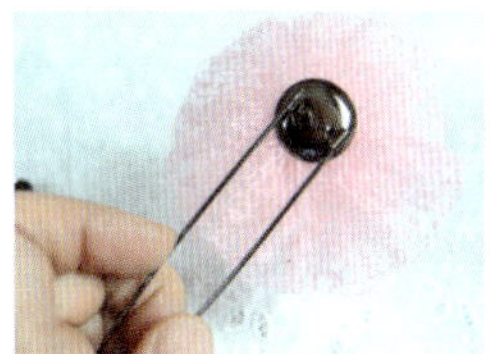

실을 매듭짓고 잘라놓은 다음 비즈가 있다면 비즈 3가닥을 꽃술로 만들어 고정시킨다. 핀대에 글루건을 발라
꽃을 고정시킨다.

실	코튼데이트 연핑크 · 빨간색 소량, 토끼 꼬리: 멜로디수면실 약간
바늘	모사용 코바늘 2/0호, 멜로디수면실: 모사용 코바늘 5/0호
부자재	구름솜 약간, 빨간색 4mm 원형 비즈 1개, 시드 비즈 검정색 2개
사이즈	세로 6cm

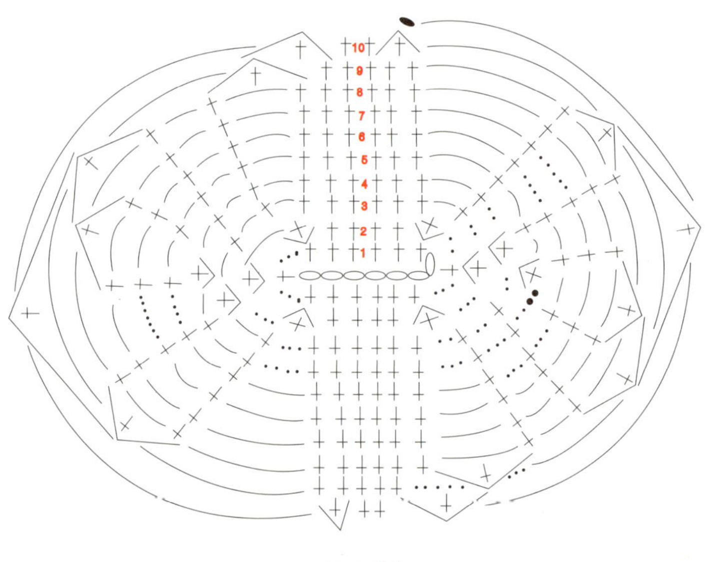

토끼 머리

사슬 6코로 시작

1단_ 14코

2단_ 20코

3단_ 22코

4단_ 24코

5~7단_ 24코

8단_ 22코

9단_ 16코

10단_ 10코

사슬 6코를 만들어서 기둥코 없이
원형으로 뜬다.

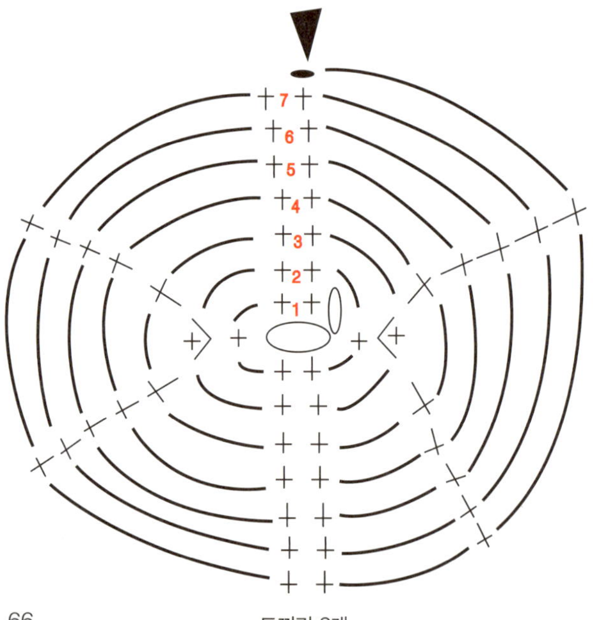

토끼귀 2개

고리의 시작코로 시작하여 기둥코 없이 원형으로
뜬다.

사슬코 80코를 만든다(책의 크기에 따라 사슬코를 늘리거나 줄인다).

비즈를 달아 눈과 코를 만든다.

토끼의 귀를 감침질한다.

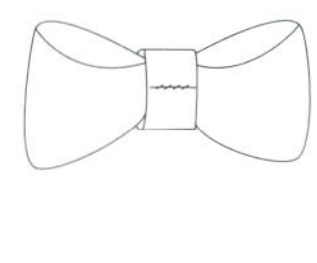

보타이 여밈은 뒤쪽에서 꿰맨다.

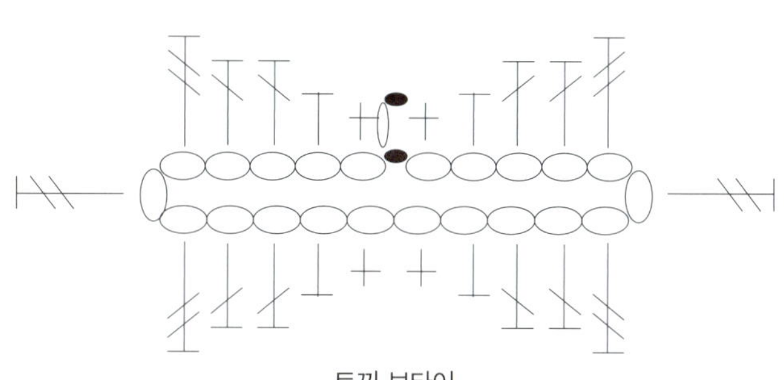

토끼 보타이

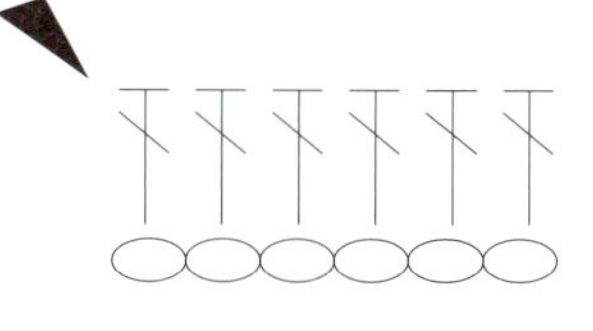

보타이 여밈

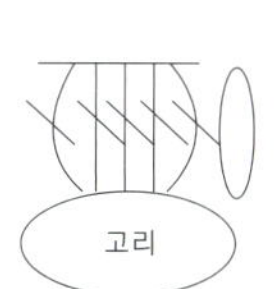

토끼 꼬리

만들어 보세요

1_ 도안을 보고 토끼의 머리를 만든다.

2_ 두 개의 귀를 만든다.

3_ 머리에 솜을 넣고 오므려 당겨 마무리한다.

4_ 돗바늘로 머리에 귀를 연결한다.

5_ 눈과 코의 위치를 잡고 시드 비즈를 달아준다.

6_ 머리 아랫부분에 사슬코를 붙이고 사슬코 아랫부
분에는 토끼 꼬리를 달아준다.

실	동화(1볼 50g) 진베이지 · 아이보리 · 진밤색 · 연보라 · 자주색 · 연노랑 · 초록 약간 총 48g
바늘	모사용 코바늘 5/0호
부자재	단추, 면끈 3마
사이즈	가로 18cm, 세로 22cm

만들어 보세요

1_ 도안의 흐린 부분을 보고 바닥과 몸판 무늬를 뜬다.

2_ 세로로 사슬뜨기를 떠 넣고 가방 입구 무늬를 뜬다.

3_ 도안을 보면서 꽃 원형 모티프와 나뭇잎 2장을 뜨고 줄기는 이중사슬뜨기한다.

4_ 가방 끈을 가방 몸판에 꿰매어 달아준다.

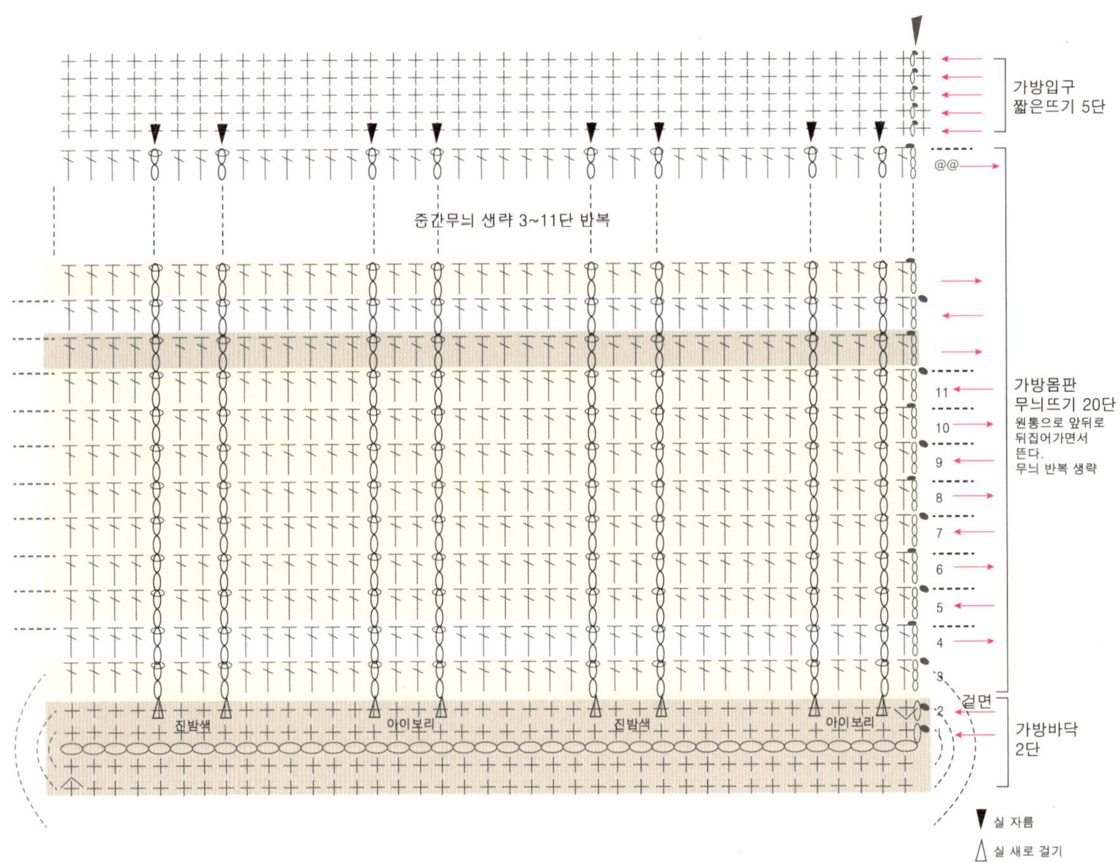

가방 바닥과 몸판 무늬(사슬뜨기 떠 넣는 순서)

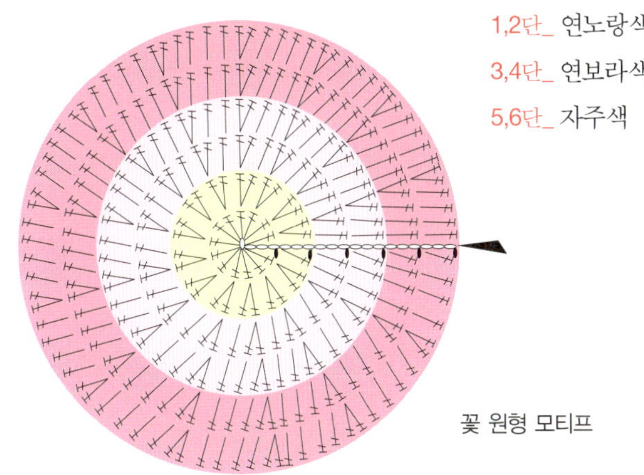

꽃 원형 모티프

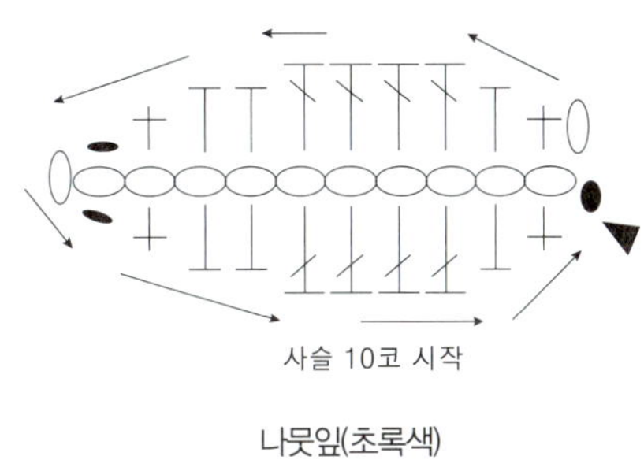

나뭇잎(초록색)

가방 몸판
(가방 입구는 나중에 뜬다)

새로 실을 걸어준 부분

사슬코를 떠 넣은 상태

진밤색단 안쪽에 실을 걸어 사슬코를 뜬다. 실자락이 가방 안쪽에 있게 된다. 몸판 무늬의 사슬 1코를 감싸면서 사슬코를 떠 올라간다. 마지막단 사슬코를 뜨고 실을 자른다. 세로로 사슬코를 다 떠 넣은 다음 실끝 부분을 감싸면서 가방 입구 짧은뜨기단을 뜬다.

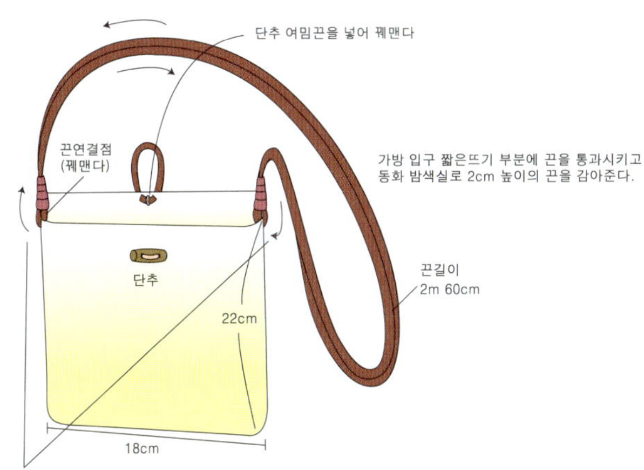

원형 모티프를 반으로 접어 양옆을 안으로 접은 다음 꿰매 모양을 만들어 준다. 꽃 줄기는 이중사슬뜨기로 배치하고 꽃은 가방 몸판에 고정킨다.

미니 케이프

실	5ply밀레니엄(1볼 90g) 아이보리색 총 35g
바늘	모사용 코바늘 5/0호
부자재	리본테이프 40cm 2개
사이즈	목둘레 40cm, 밑단 둘레 88cm

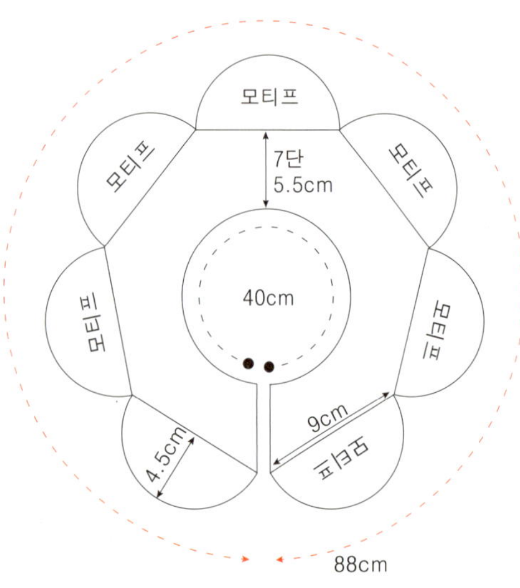

만들어 보세요

1_ 모티프 1장을 완성하고 2번째 모티프 마지막단을 시작할 때 첫 번째 모티프 마지막 코에 빼뜨기로 연결하고 나머지를 뜬다. 이어서 3~8번째 모티프를 뜨면서 마지막 단에 연결한다.

2_ 모티프에서 모티프 1장당 18코를 뜨고 첫 번째와 마지막 모티프에서만 19코를 짧은뜨기한다.

3_ 네크라인쪽 무늬는 그림1을 보고 뜬다.

4_ 리본테이프를 앞쪽 모티프에 하나씩 꿰매어 달아준다.

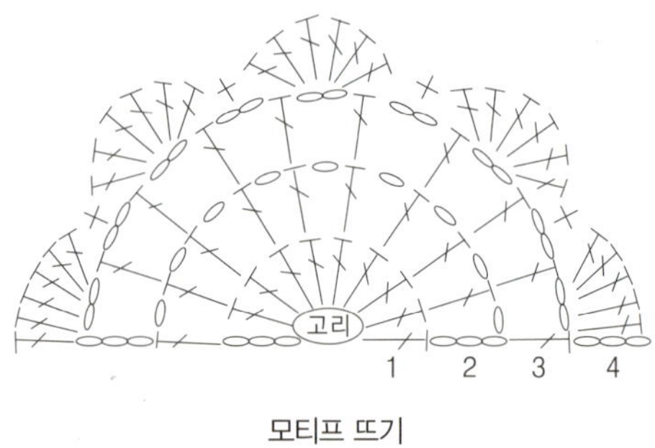

모티프는 고리의 시작코로 만든다.

모티프 뜨기

모티프 연결하기

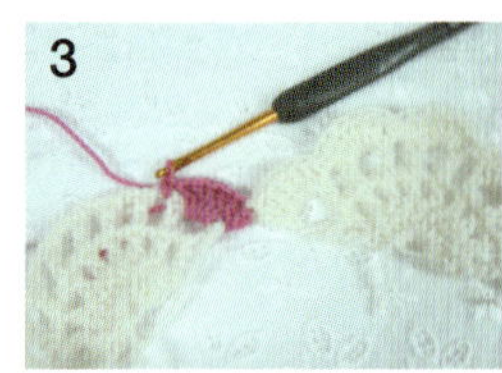

두 번째 모티프의 4번째단을 시작할 때 사슬코를 첫 번째 모티프 마지막코에 빼뜨기로 연결한다(모티프 연결을 보여주기 위해 다른 색상 사용).

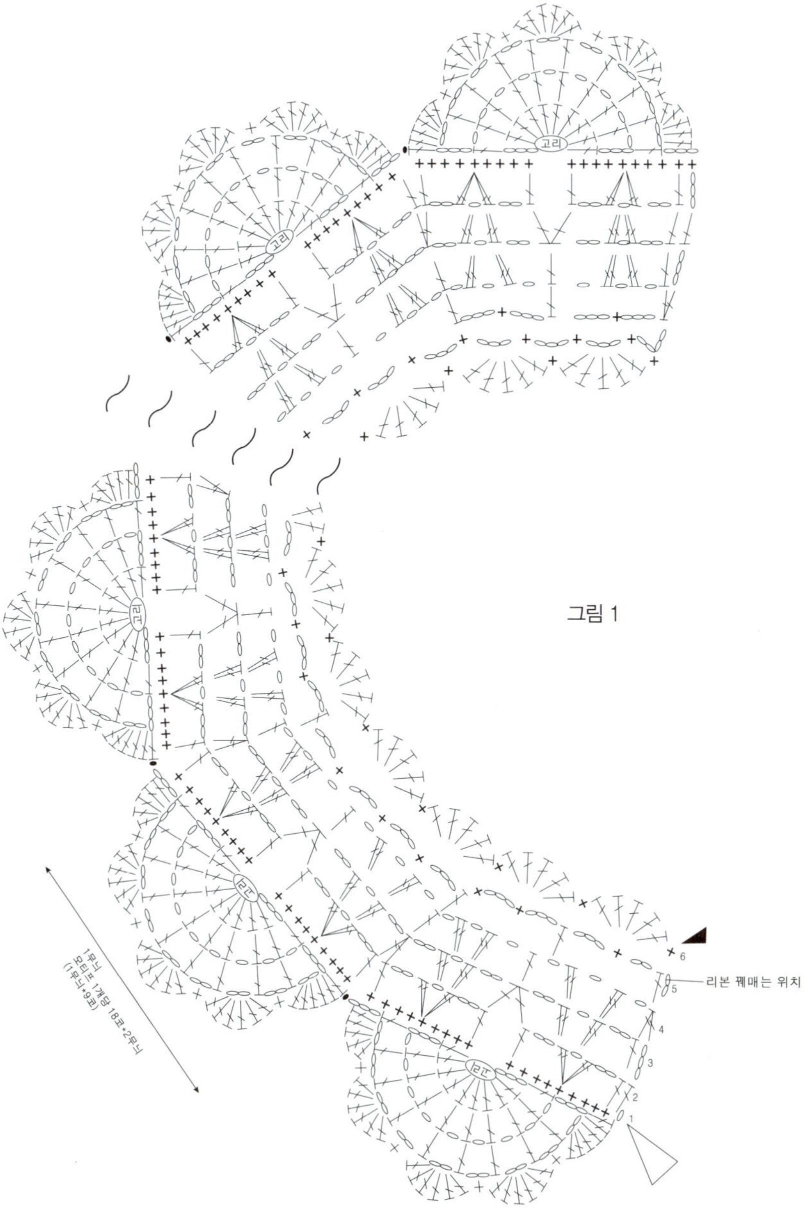

고리
고리
고리
고리
고리
그림 1
6
5 리본 꿰매는 위치
4
3
2
1
1무늬
모티프 1개당 18코 2무늬
(1무늬 9코)

실	실크로드(1볼 40g) 핑크 60g, 아이보리 40g
바늘	3mm, 3.5mm, 장갑바늘 4mm 4개
게이지	메리야스뜨기 4mm 22코 31단
사이즈	손목둘레 20cm, 길이 25cm

먼저 속 워머를 뜬 다음 겉 워머의 레이스 부분을 뜨고 속 워머와 겉 워머의 코를 합쳐 떠 올라가는 방식이다.

만들어 보세요

1_ 4mm 장갑바늘을 사용하여 아이보리색 실로 속 워머 시작코 60코를 만들어 원통으로 11단을 겉뜨기하고 12단째 4군데에서 코줄임을 한다.

2_ 이어서 4단째마다 4군데에서 코줄임을 3회 반복하고 6단을 뜬 뒤 쉼코로 남겨 둔다(44코가 됨).

3_ 핑크색 실로 시작코 64코를 만들어 가터뜨기 3단을 뜨고 레이스무늬뜨기 7단을 뜬다.

4_ 이어서 2단째마다 4군데에서 2코씩 코줄임을 2회 반복하고, 이어 2단째에 4군데에서 1코씩 코줄임한다(44코가 됨).

5_ 아래 사진을 참고하여 속 워머와 겉 워머의 44코를 합쳐 겉뜨기 1단을 뜬다.

6_ 3mm 바늘로 바꿔서 손목 무늬 5단을 뜨고 겉뜨기 7단을 뜬다.

7_ 3.5mm 바늘로 바꿔서 겉뜨기 18단을 뜬다.

8_ 4mm 바늘로 바꿔서 겉뜨기 10단을 뜨고 워머 입구 무늬 11단을 뜬 뒤 덮어코막음한다.

9_ 겉 워머의 레이스무늬는 핀으로 고정시켜 모양을 잡은 다음 스팀을 쏘인다. 속 워머의 겉뜨기 부분은 스팀을 쏘이면 돌돌 말리는 것이 펴진다.

겉 워머 속에 속 워머를 넣고 2코 겹쳐 겉뜨기한다. 각각의 44코가 합해져 44코가 된다.

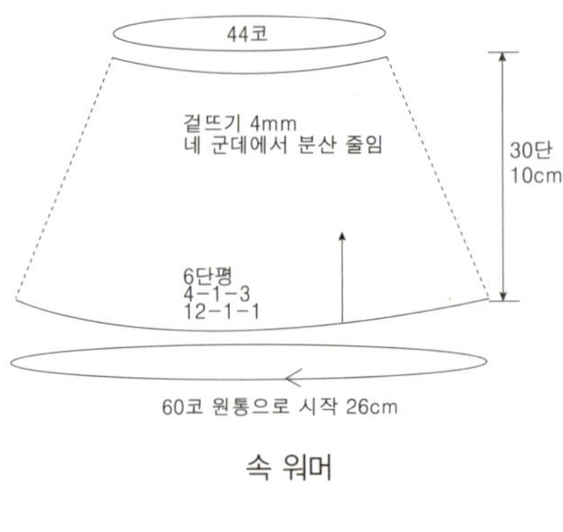

속 워머

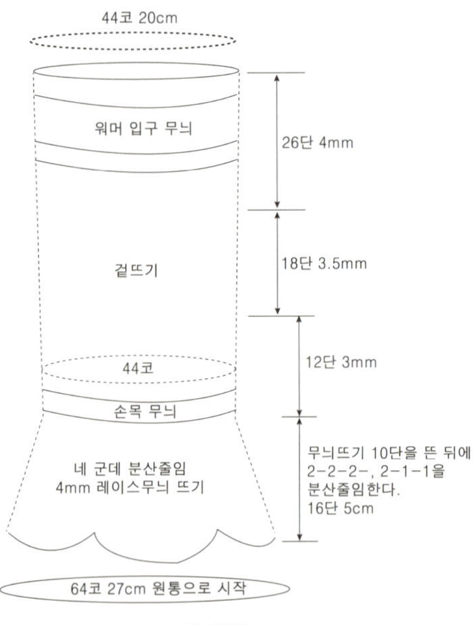

겉 워머

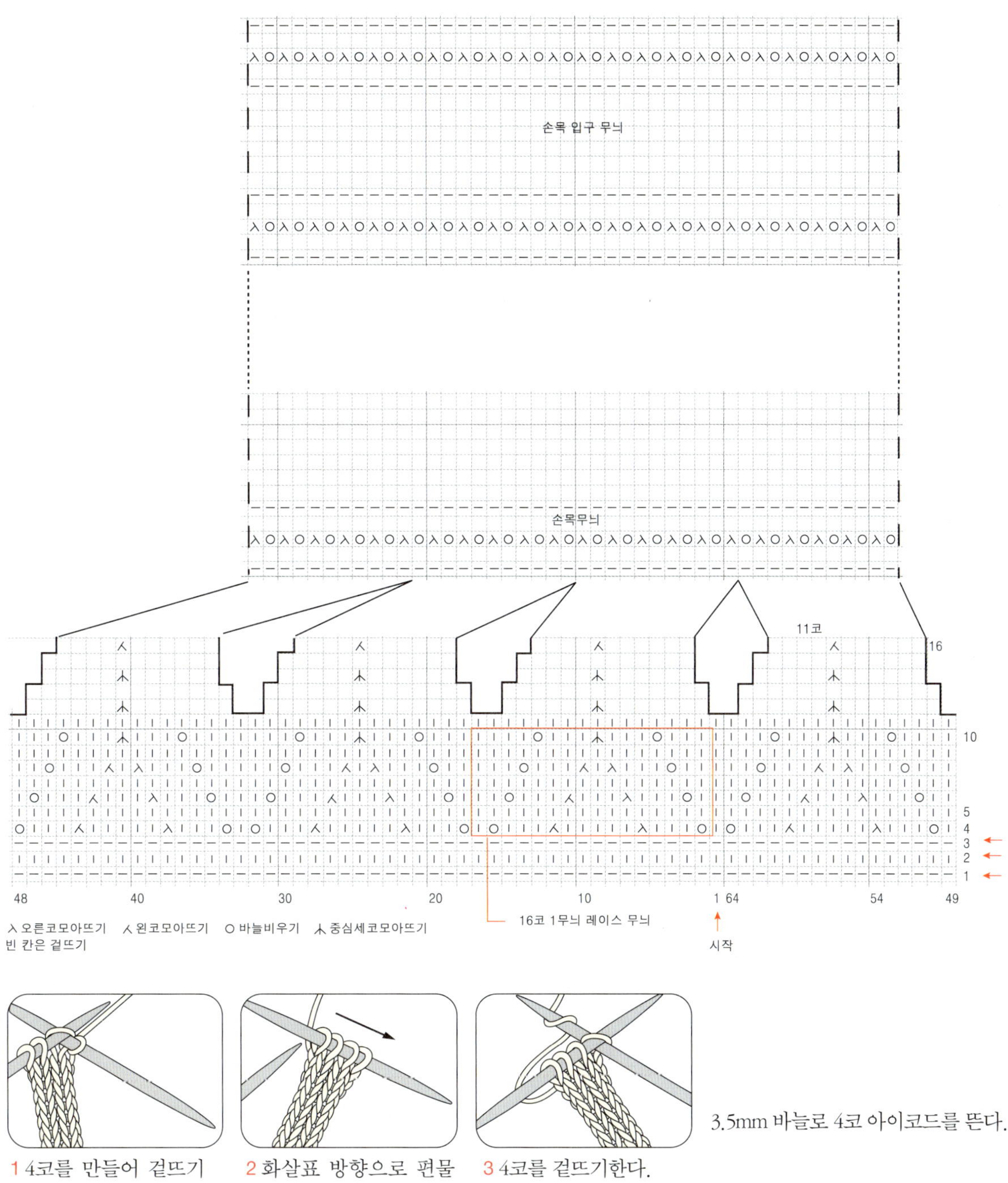

아이코드 끈을 40cm 길이로 2개를 만들어 손목 무늬의 구멍에 지그재그로 넣어준다.

아이코드 리본은 기호에 따라 넣거나 빼서 착용한다.

실	505(1볼 90g) 1볼
바늘	장갑바늘 4.5mm 4개
게이지	메리야스뜨기 4.5mm 원통뜨기 19코 25단
사이즈	장갑둘레 19cm, 길이 31cm

만들어 보세요

1_ 장갑바늘로 일반코 36코를 만들어 3개의 바늘에 고르게 걸어준다.

2_ 원통뜨기는 계속 한방향으로만 뜨기 때문에 시작코를 만들고 나서 바로 시작코의 첫코부터 겉뜨기한다.

3_ 겉뜨기 2코, 안뜨기 2코의 두코고무뜨기 26단을 뜬 뒤 겉뜨기 1단, 안뜨기 3단, 겉뜨기 6단을 뜬다.

4_ 원통으로 시작한 첫 코부터 18코째 앞과 뒤에서 끌어올려코늘리기로 엄지손가락 코를 늘린다. 2단마다 코늘림을 6회 하면 엄지손가락코는 13코가 되고 전체 콧수는 48코가 된다.

5_ 원통으로 뜨다 엄지손가락코 13코는 별실에 걸어 빼놓고, 감아코로 1코를 만든 다음 이어서 나머지 코를 모두 뜬다 (다시 36코가 됨).

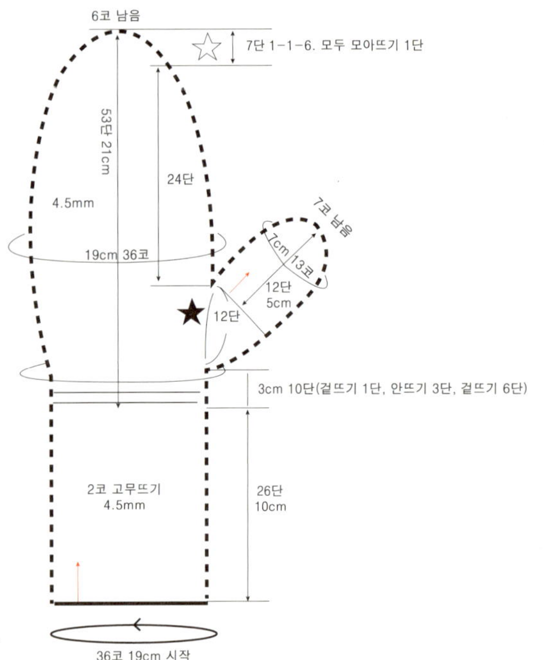

6_ 두코고무단뜨기를 제외한 손목부터 46단이 될 때까지 뜬다.

7_ 원통으로 시작한 첫 코에서 오른코모아뜨기로 줄이고 14코를 뜬 다음 왼코모아뜨기로 줄이고, 오른코모아뜨기로 줄이고 14코를 뜬 다음 왼코모아뜨기를 뜬다(1단을 다 뜬 상태로 총 4코가 줄고 32코가 됨). 이어서 매단 코줄임으로 12코가 남을 때까지 줄이고 오른코모아뜨기, 왼코모아뜨기 2번, 오른코모아뜨기, 왼코모아뜨기 2번으로 끝난다(6코 남음).

8_ 실을 10cm 정도 남기고 자른 다음 남은 6코를 돗바늘에 끼워 오므려 당겨 마무리한다.

9_ 엄지손가락에 쉼코로 남겨 놓은 코를 막대바늘 3개에 고르게 끼우고 원통으로 11단을 뜬다. 12단째에서 두코모아뜨기를 6번 하고 겉뜨기 1코를 뜬다(7코 남음).

10_ 실을 10cm 정도 남기고 자른 다음 남은 7코에 돗바늘로 끼워 오므려 당겨 마무리한다.

 엄지손가락과 장갑 몸통의 연결 부분에서 구멍이 생길 수 있는데 돗바늘로 메리야스잇기를 하듯이 사이를 메워줍니다. 메리야스잇기가 여의치 않다면 감침질로 표시나지 않도록 꿰매도 좋습니다.

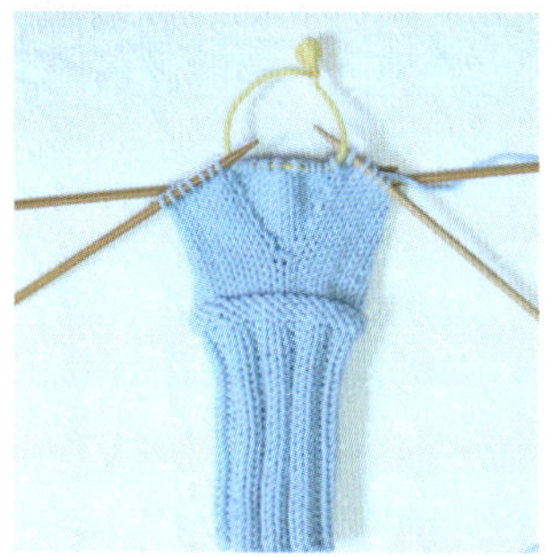

엄지손가락 부분을 코늘림하고
별실에 코를 걸어둔 상태

엄지손가락코를 빼 감아코 1코를
만들고 왼쪽 바늘의 코를 계속 뜬다.

코가 이어진 모양

46단이 될 때까지 원통뜨기한다.

손가락 13코를 3개의 바늘에 나눠
끼워 원통으로 뜨다가 마지막 단에
모아뜨기로 코줄임하고 남은 7코를
오므려 당겨 마무리한다.

베이직한 장갑이므로 꽃머리핀
도안의 꽃 모티프를 포인트로 달
아주거나 보타이의 리본을 장식
으로 달아주어도 좋아요.

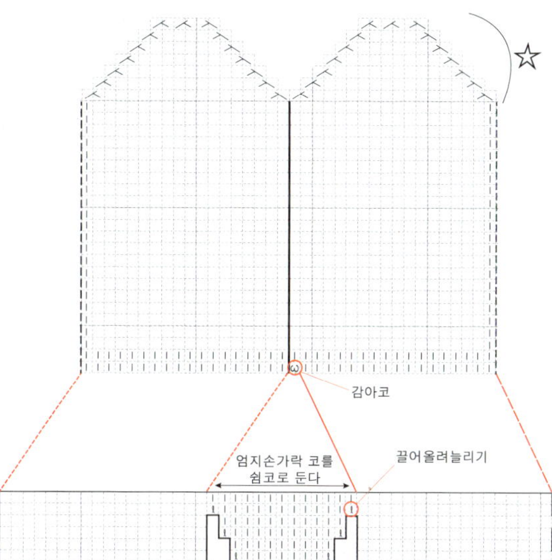

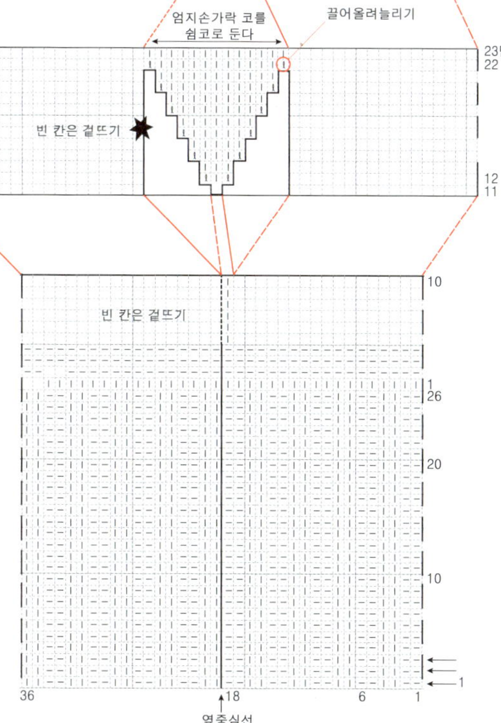

엄지손가락 코줄임
7코 남음

23단째의 쉼코로 두었던
13코를 원통으로 뜬다

실	코튼데이트 파란색 · 빨간색 각 3g
바늘	대바늘 2mm
부자재	이쑤시개 2개, 장식옷핀 1개(오링 걸이가 달린 제품), 목걸이 1개, 내경 2mm 시드 2알, 오링 5개
사이즈	뜨개편물지 가로 4cm, 세로 3cm

만들어 보세요_목걸이

1_ 2mm 바늘로 14코를 만들어 도안대로 뜬다. 마지막단은 7코만 뜨고 그대로 둔다.

2_ 코막음을 하지 않고 만들어 놓은 이쑤시개 바늘에 코를 옮겨 놓는다. 실뭉치를 만들 만큼의 실을 남겨 실을 잘라 실뭉치를 감아 놓는다. 이때 실뭉치가 풀어지지 않도록 접착제를 바르고, 뜨개 편물도 바늘에서 빠지지 않도록 코 부분에 접착제를 발라 놓는다.

3_ 7코째 아랫단 올에 오링을 건 다음 오링에 목걸이 줄을 끼운다.

4_ 만들어 놓은 실뭉치에 오링을 걸어 목걸이 줄에 끼운다.

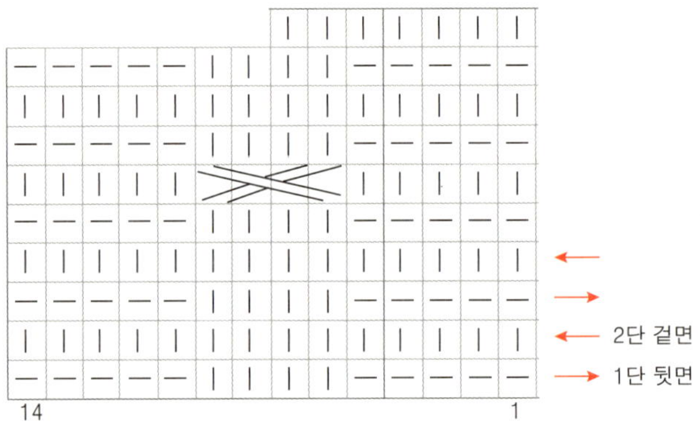

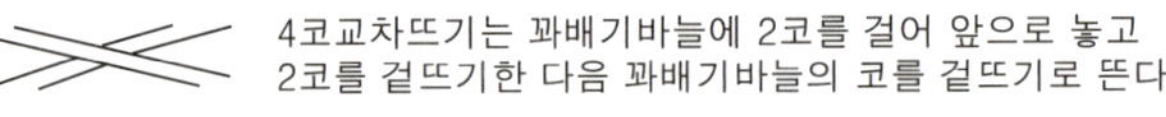

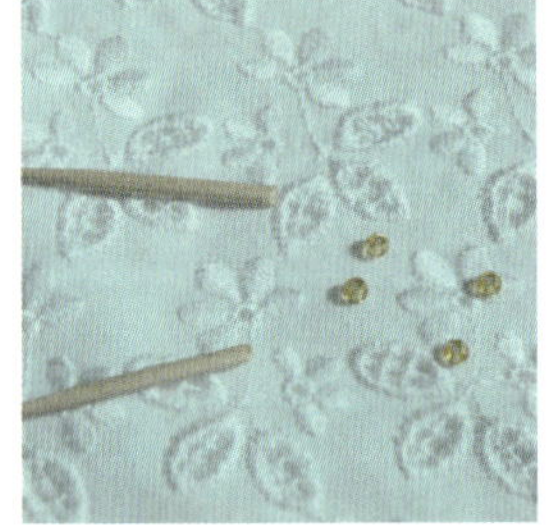

이쑤시개와 내경 2mm 시드

실뭉치에 오링을 끼운다

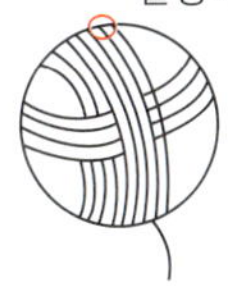

만들어 보세요_장식핀

1_ 2mm 바늘로 14코를 만들어 도안대로 뜬다.

2_ 10단을 뜨고 만들어 놓은 이쑤시개바늘에 코를 옮겨놓는다. 실뭉치를 만들 만큼 실 길이를 남기고 자른 다음 실뭉치를 감는다. 이때 실뭉치가 풀어지지 않도록 접착제를 발라 놓는다.

3_ 이쑤시개바늘 3군데에 오링을 걸어 놓고 장식옷핀의 오링걸이에 오링을 걸어 연결한다.

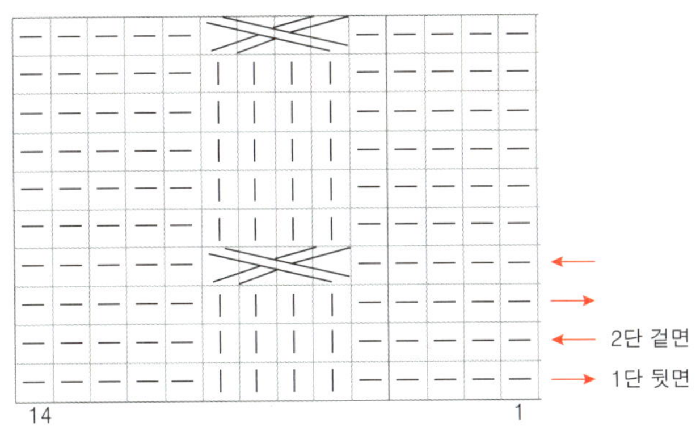

4코교차뜨기는 꽈배기바늘에 2코를 걸어 앞으로 놓고
2코를 겉뜨기한 다음 꽈배기바늘의 코를 겉뜨기로 뜬다.

완성된 장식핀

캔뚜껑고리 팔찌 Page ❯ 34

실	코튼데이트 진한 민트색 10g, 연두색 10g, 연노란색 약간
바늘	모사용 코바늘 3/0호, 돗바늘
재료	캔뚜껑고리 18개

만들어 보세요

1_ 캔뚜껑고리는 날카로운 면끼리 마주보도록 겹친다.

2_ 겹쳐 놓은 캔뚜껑고리를 감싸면서 고리의 구멍마다 짧은뜨기를 4코씩 뜬다.

3, 4_ 캔뚜껑고리 한 개를 더 겹쳐 감싸듯이 4코를 짧은뜨기한다.

5, 6_ 1번 고리와 18번째 고리를 겹쳐 짧은뜨기를 하고 원형고리로 연결한다.

7_ 첫 코에 빼뜨기로 연결한다.

8_ 반대쪽 고리에 새로 실을 걸어 똑같이 짧은뜨기로 4코씩 뜬다.

9_ 배색실을 걸어서 빼뜨기로 1단을 뜨고 마무리한다.

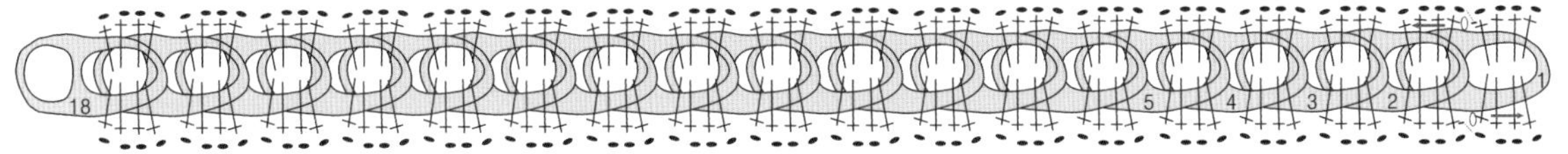

캔뚜껑고리에 표시된 숫자는 캔뚜껑고리의 순서

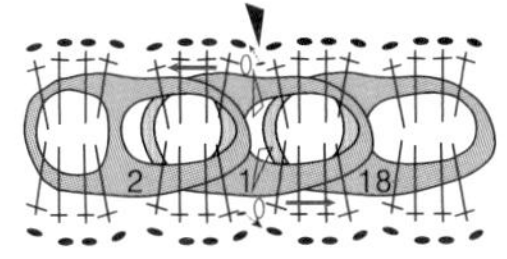

1번 뚜껑고리와 18번 뚜껑고리 연결

캔뚜껑고리를 재사용한 팔찌로 손목의 굵기에 따라 캔뚜껑고리의 수를 가감하면 되고, 캔뚜껑고리를 분리하여 뾰족한 부분을 망치로 살살 두드려서 펴줍니다.

이 패턴을 길게 만들면 머리띠나 벨트로도 활용이 가능하지요.

부엉이 모자 Page ➤ 35

실	알파카진(1볼 50g) 다홍색 64g
바늘	장갑바늘 5mm, 5.5mm
부자재	인형 눈(3mm) 4쌍, 지름 0.9cm 단추 8개
사이즈	머리둘레 52cm, 길이 22cm

만들어 보세요

모자는 원통으로 떠야하므로 장갑바늘 4개를 사용한다.

1_ 5mm 바늘로 일반코 76코를 만들어 두코고무뜨기 6단을 뜬다.

2_ 5.5mm 바늘로 바꿔서 1코를 늘리고 77코로 무늬뜨기(7무늬) 41단을 뜬다.

3_ 7코가 남으면 실을 10cm 정도 남기고 자른 다음 돗바늘로 오므려 당겨 마무리한다.

4_ 도안에 표시된 위치에 인형 눈을 달아준다. 부엉이 눈은 전체 7무늬 중 4무늬에만 달아준다.

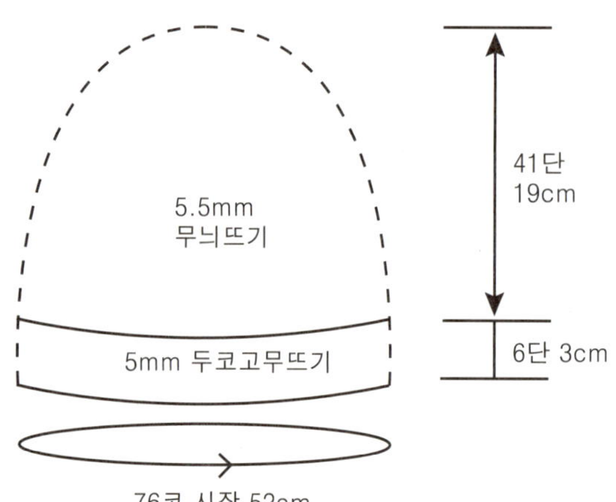

장갑바늘 4개 사용

완성 후에 매트에 핀을 꽂아 모자를 고정시킨 뒤에 스팀을 쏘여 주면 무늬가 펴집니다.

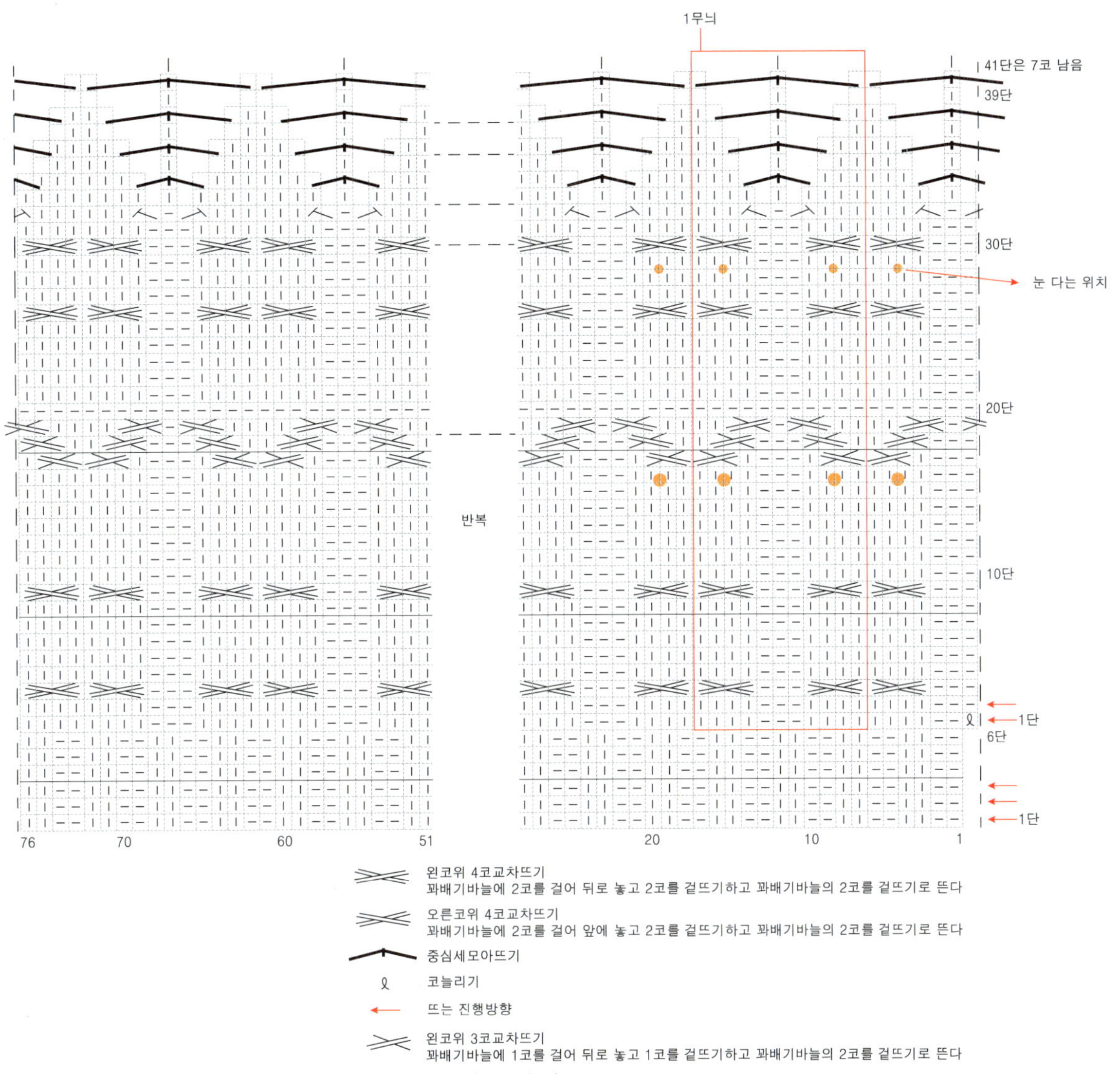

왼코위 4코교차뜨기
꽈배기바늘에 2코를 걸어 뒤로 놓고 2코를 겉뜨기하고 꽈배기바늘의 2코를 겉뜨기로 뜬다

오른코위 4코교차뜨기
꽈배기바늘에 2코를 걸어 앞에 놓고 2코를 겉뜨기하고 꽈배기바늘의 2코를 겉뜨기로 뜬다

중심세모아뜨기

코늘리기

뜨는 진행방향

왼코위 3코교차뜨기
꽈배기바늘에 1코를 걸어 뒤로 놓고 1코를 겉뜨기하고 꽈배기바늘의 2코를 겉뜨기로 뜬다

오른코위 3코교차뜨기
꽈배기바늘에 1코를 걸어 앞으로 놓고 1코를 겉뜨기하고 꽈배기바늘의 2코를 겉뜨기로 뜬다

그래니 스퀘어 모티프 볼레로 Page ▶ 36

실	동화: 아이보리 54g, 노랑 10g, 연두 27g, 베이비핑크 9g, 진핑크 12g, 연노랑 11g, 회색 12g, 연연두 12g, 하늘색 14g, 살구색 13g, 핑크 10g
바늘	모사용 코바늘 6/0호
사이즈	총 158g, 가로 64cm, 세로 53cm

만들어 보세요

1_ 그래니 스퀘어 모티프를 배색하여 24장을 만든다.

2_ 완성한 모티프를 코바늘의 짧은뜨기로 연결한다.

3_ 볼레로의 둘레는 짧은뜨기 1단, 무늬뜨기 7단으로 뜬다.

4_ 소매 입구는 짧은뜨기 1단, 사슬 3코뜨기 1단을 뜨고 마무리한다.

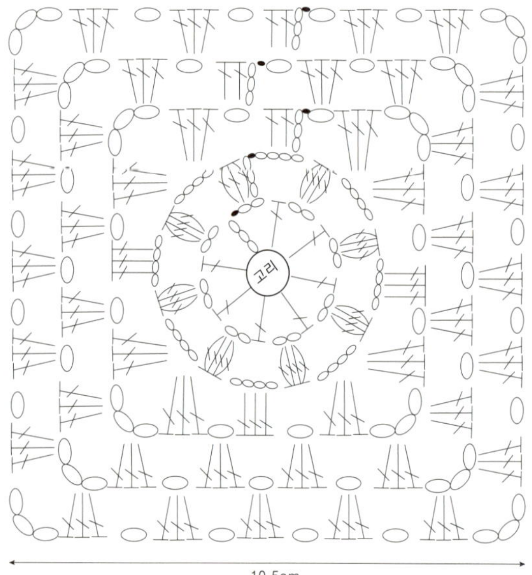

그래니모티프

모티프는 고리의 시작코로 만든다.

2단은 4코 구슬뜨기이며 매단 배색이 바뀌므로 실을 끊고 새로 연결해서 뜬다.

각각 6장씩 총 24장 뜬다.

1단 노랑	1단 노랑	1단 노랑	1단 노랑
2단 흰색	2단 흰색	2단 흰색	2단 흰색
3단 연두	3단 연두	3단 연두	3단 연두
4단 살구색	4단 연연두	4단 핑크	4단 연노랑
5단 핑크	5단 하늘색	5단 진핑크	5단 회색

옷은 소품과 달리 느슨하게 떠야 입고 벗기 편하고 감촉도 부드러워요. 평소 촘촘하게 뜨는 편이라면 한 호 큰 바늘로 떠보세요.

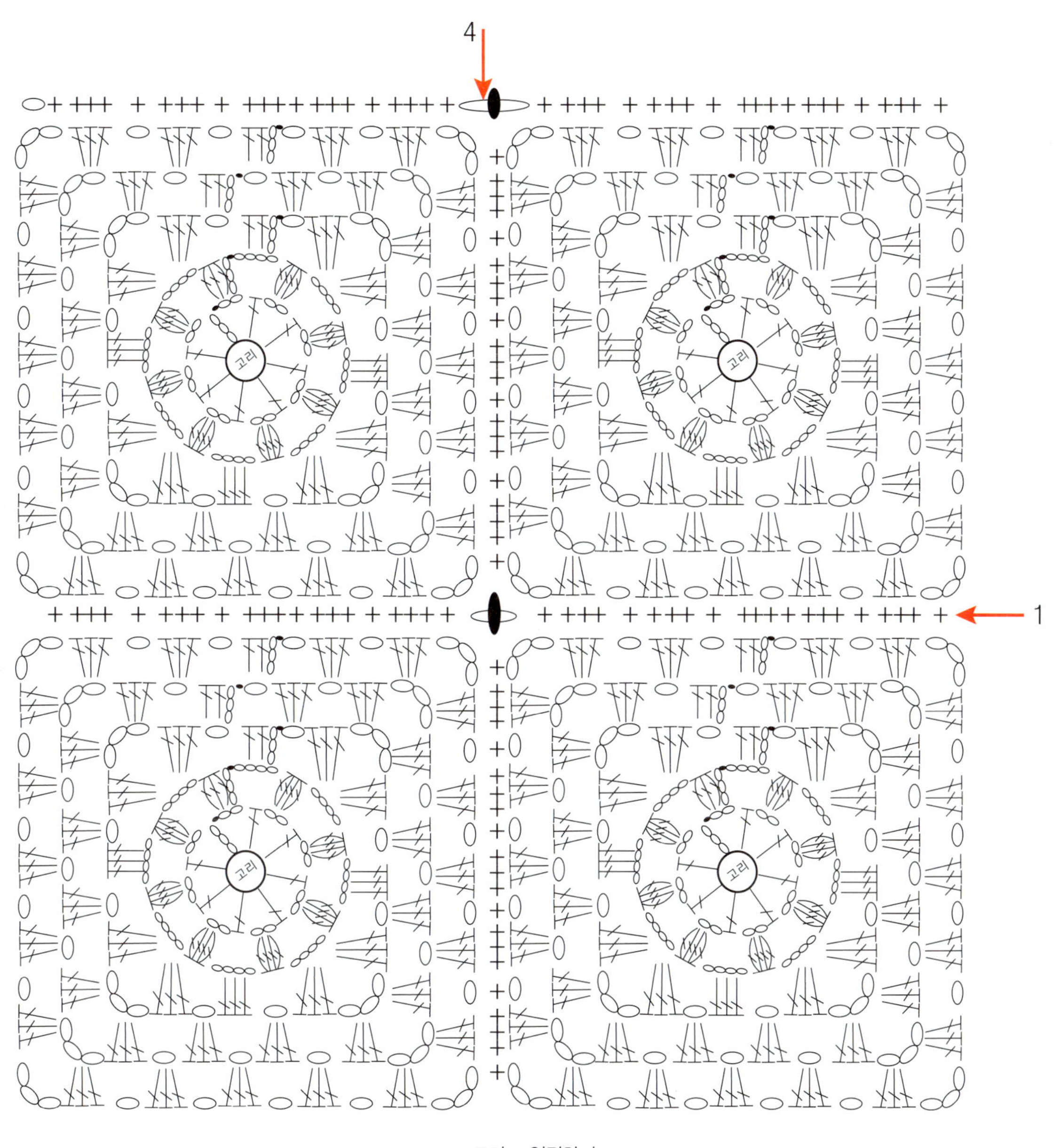

모티프 연결하기

두 장의 뒷면을 마주보게 놓고 각 코에 짧은뜨기한다.

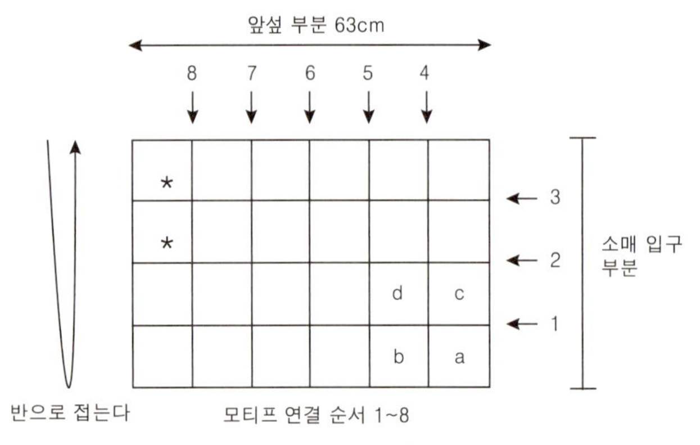

1번 줄은 a와 c를 마주보게 놓고 짧은뜨기 21코를 뜨고, 사슬 1코를 뜬 다음 b와 d를 마주보고 짧은뜨기 21코를 뜬다.

같은 방법으로 1번 줄을 모두 뜬 다음 2번 줄을 짧은뜨기로 연결하고 3번 줄도 같은 방법으로 한다.

가로열이 끝나면 세로로 4번, 5번, 6번, 7번, 8번을 짧은뜨기로 뜨면서 연결한다. 4번 줄을 뜰 때 bd, ac 사이의 사슬코에 빼뜨기를 하고 짧은뜨기로 연결하면서 뜬다.

소매 입구 에칭뜨기

흰색만 사용하여 원통으로 뜬다.

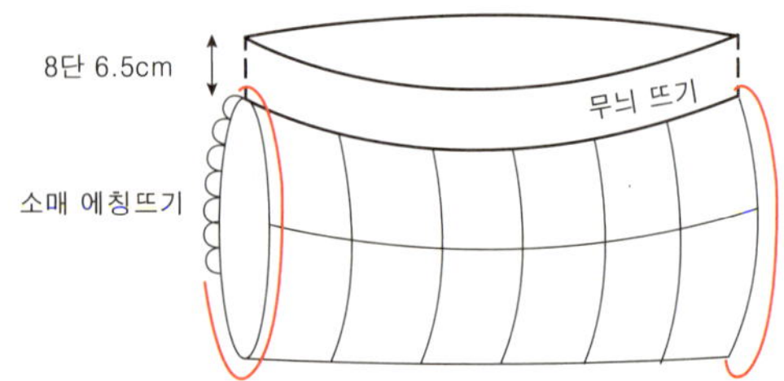

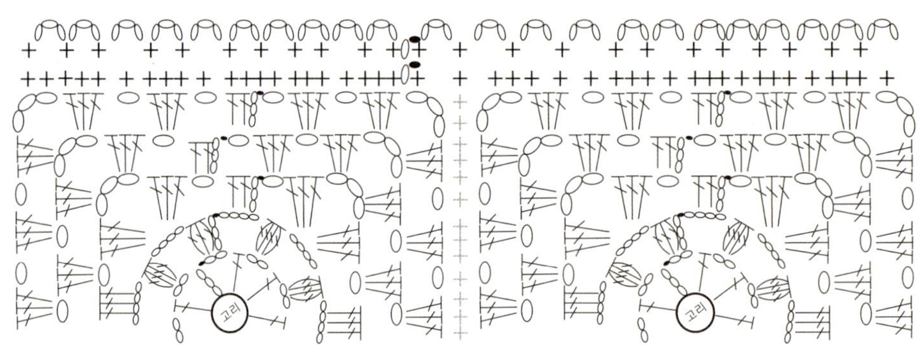

무늬뜨기

무늬뜨기는 원통으로 뜬다. 역시 배색이므로 매단 실을 끊고 다음 단에서 새로 연결하여 뜬다.

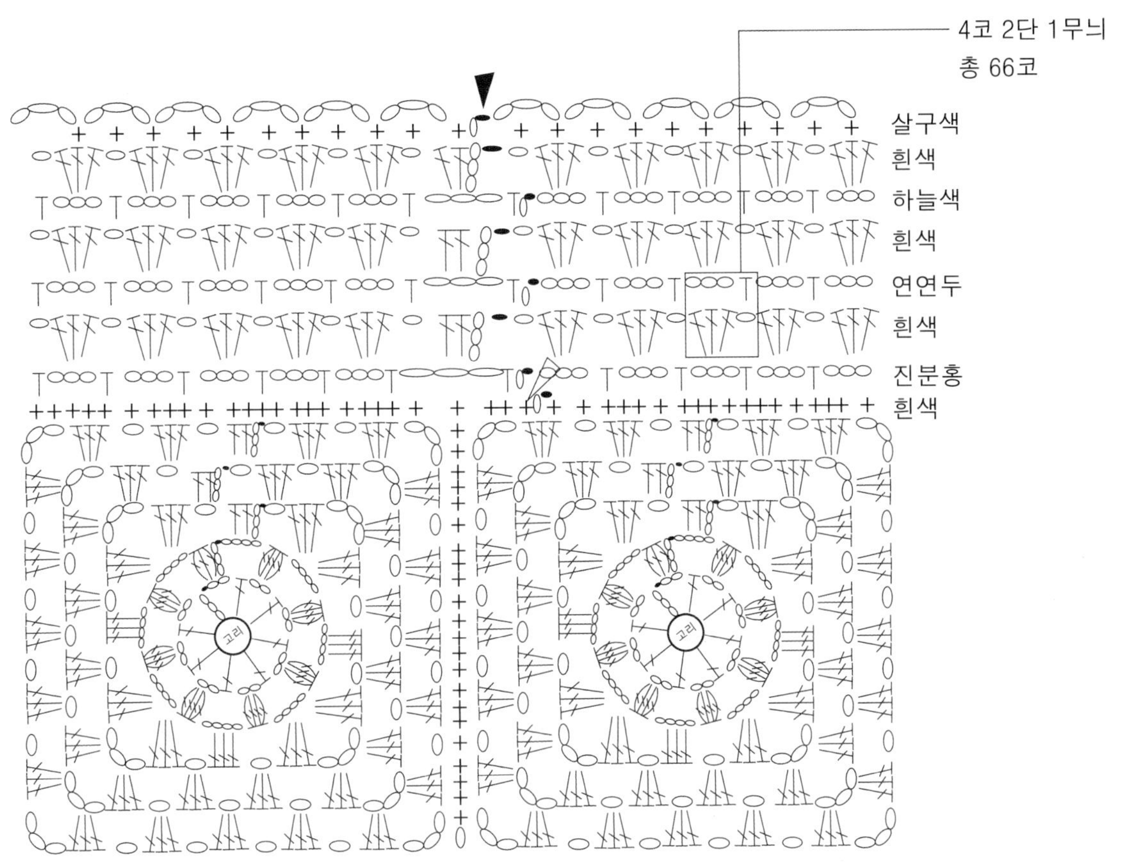

간단 목도리 Page ○ 37

실	야크(1볼 50g) 녹두색 90g
바늘	대바늘 4.5mm / 풀어내는코 사용 시 모사용 코바늘 7/0호
게이지	4.5mm 가터뜨기 20코 40단
사이즈	가로 14cm, 길이 80cm

만들어 보세요

1_ 코바늘로 사슬코를 만들어 풀어내는코 27코를 만든다.

2_ 무늬뜨기 80단을 뜬 다음 사슬코를 풀어내어 코를 살린 뒤에
   풀어낸 코와 바늘에 걸려있는 코를 두코모아뜨기로 떠서 두 코를 합친다.

3_ 무늬뜨기를 계속 반복하여 7무늬를 뜨고 덮어코막음으로 마무리한다.

사슬코를 풀어낸 뒤 바늘에 끼운 모습

두 코를 한꺼번에 모아뜨기로 뜬다(뒷면에서)

두코모아뜨기로 한단을 다 뜬 상태(다시 27코)

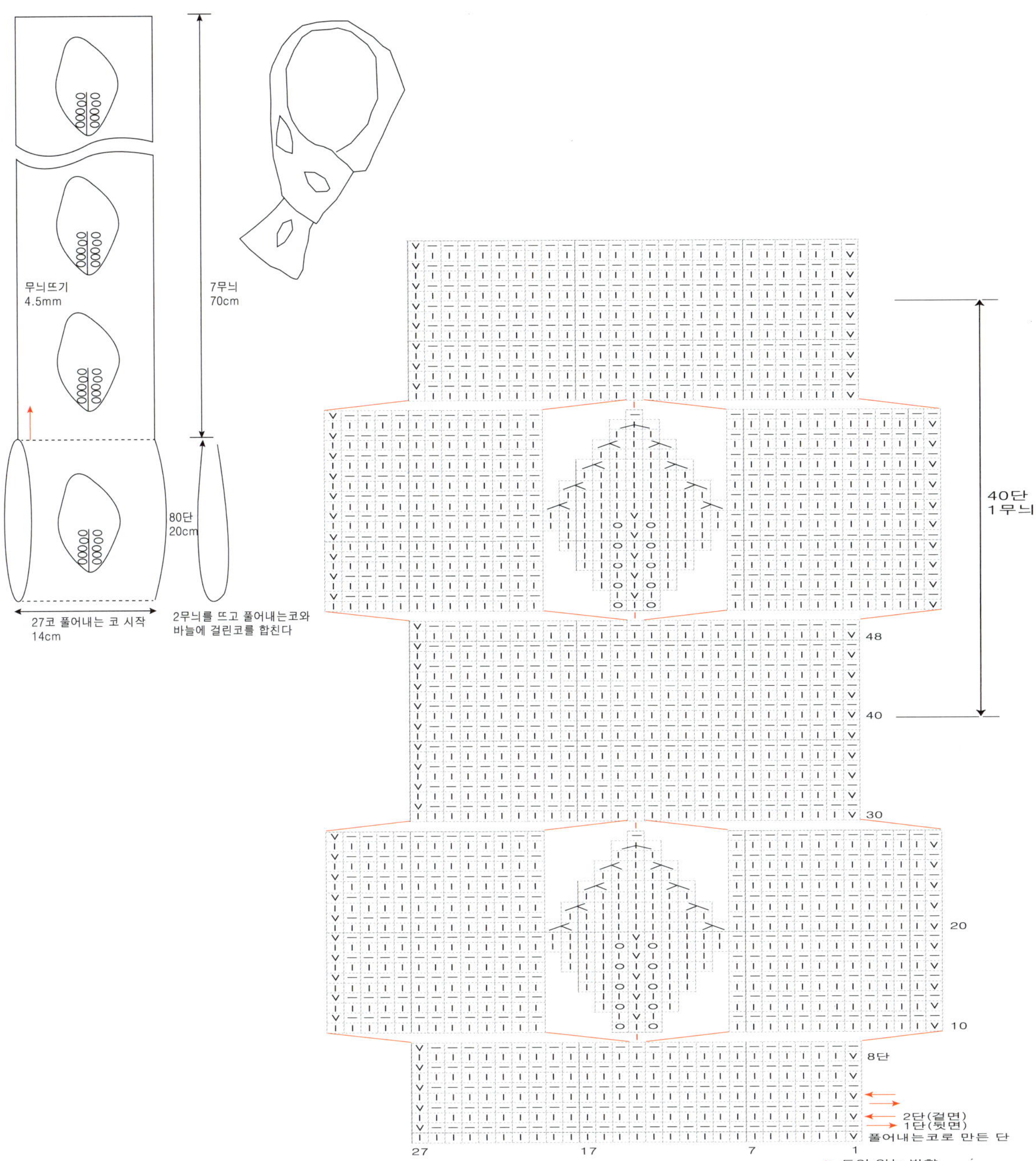

무늬뜨기
4.5mm
7무늬
70cm
80단
20cm
27코 풀어내는 코 시작
14cm
2무늬를 뜨고 풀어내는코와
바늘에 걸린코를 합친다
40단
1무늬
48
40
30
20
10
8단
2단(겉면)
1단(뒷면)
풀어내는코로 만든 단
27
17
7
1
도안 읽는 방향

넥칼라 Page 38

실 울카페(1볼 50g) 아이보리 총 64g
바늘 대바늘 4mm, 4.5mm
부자재 지름 2.3cm 단추 1개
사이즈 목둘레 43cm, 칼라 가장자리 둘레 56cm

만들어 보세요

1_ 대바늘 4.5mm로 일반코 129코를 만들어 도안를 보고 무늬뜨기를 한다.

2_ 무늬뜨기 20단이 끝나면 모든 코를 안뜨기로 뜨고 양 끝에서 감아코를 8코씩 만든다.

3_ 4mm 바늘로 바꿔서 한코고무뜨기 7단을 뜨고 오른쪽 시작 부분에서 단춧구멍을 만든다.

4_ 4.5mm 바늘로 바꿔서 안뜨기 1단을 포함한 한코고무뜨기를 총 14단 뜨고 덮어코막음으로 마무리한다.

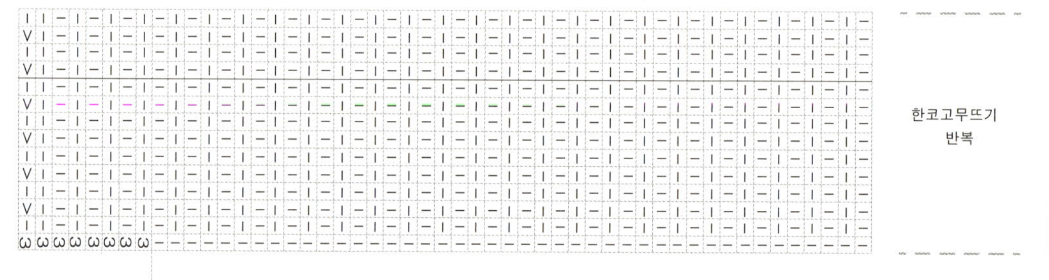

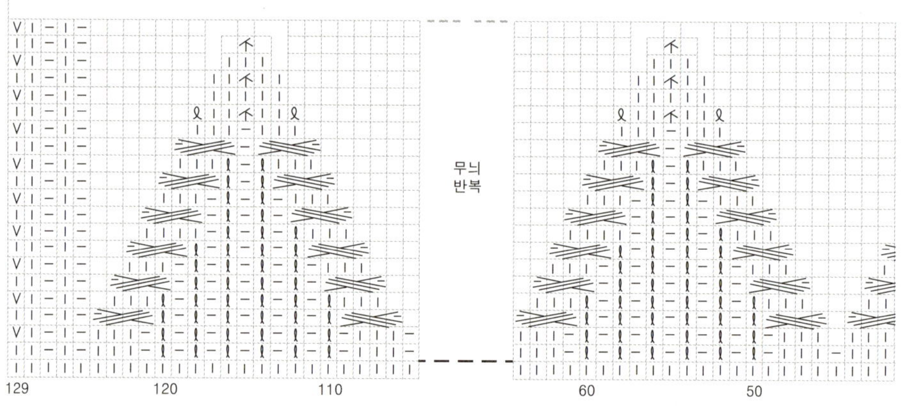

ℓ 코 사이의 올을 끌어올려 겉뜨기로 코늘리기
ㅣ 겉뜨기 ㅅ 왼코중심세코모아뜨기
– 안뜨기 V 걸러뜨기
● 덮어코막음 ɩ 겉뜨기 꼬아뜨기
빈 칸은 안뜨기 ω 감아코만들기

※ 이 도안은 89쪽의 도안과 겹쳐서 보아야 합니다.

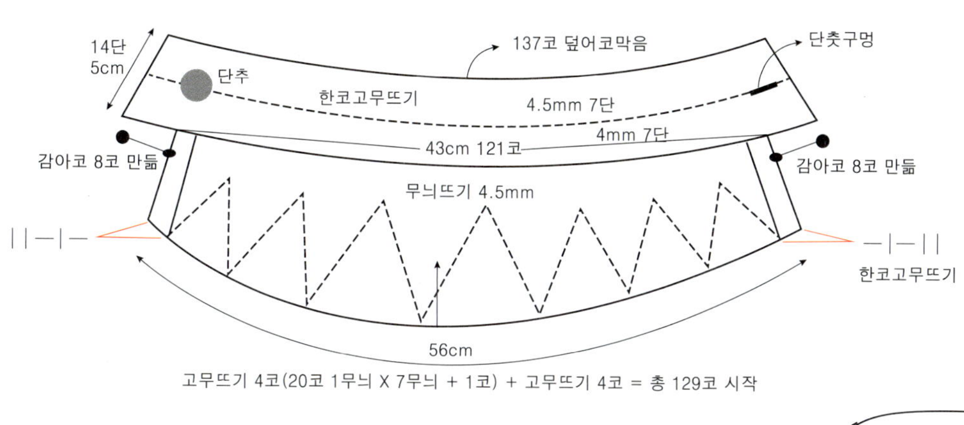

고무뜨기 4코(20코 1무늬 X 7무늬 + 1코) + 고무뜨기 4코 = 총 129코 시작

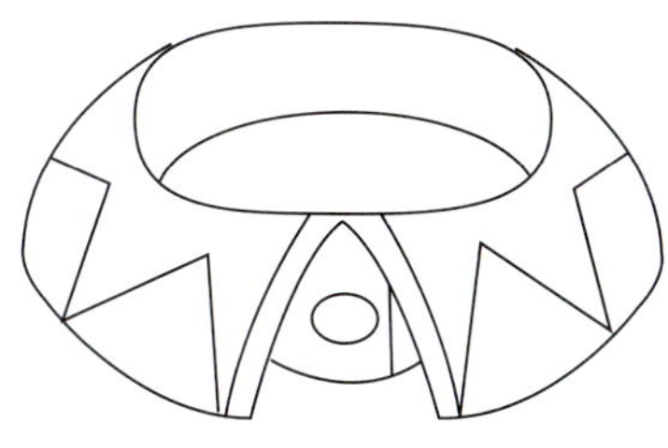

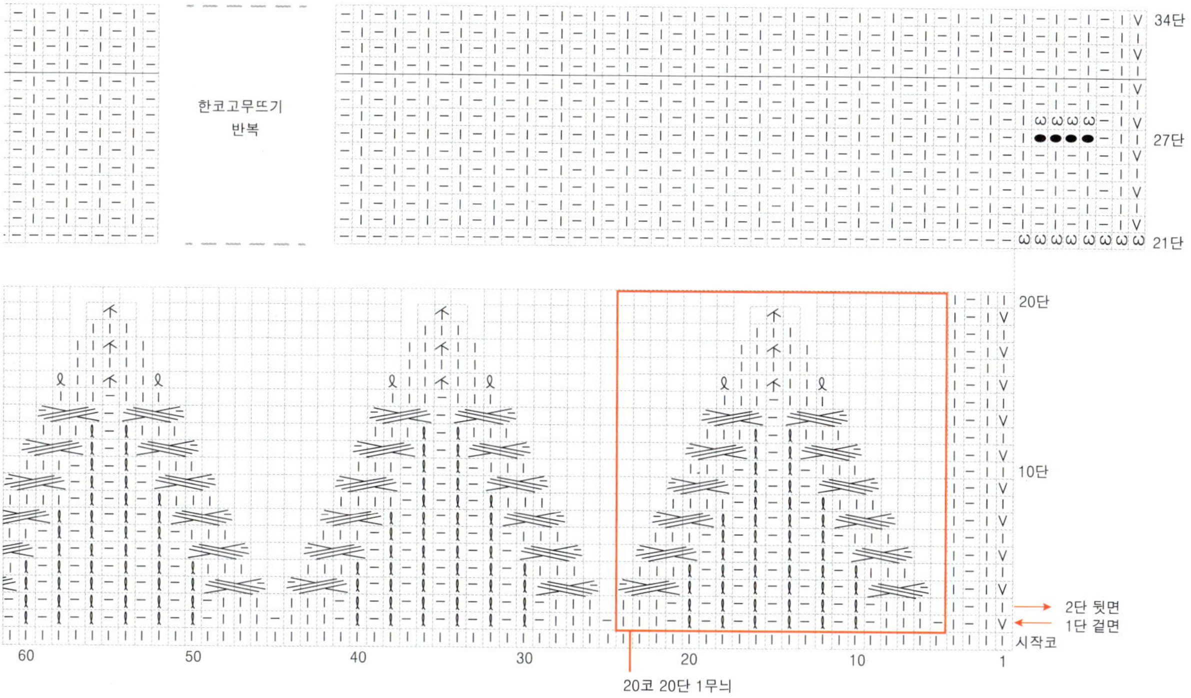

ℓ 코 사이의 울을 끌어올려 겉뜨기로 코늘리기
| 겉뜨기
― 안뜨기
● 덮어코막음
빈 칸은 안뜨기

↑ 왼코중심세코모아뜨기
Ⅴ 걸러뜨기
↥ 겉뜨기 꼬아뜨기
ω 감아코만들기

겉3, 안1 교차뜨기
겉 3코를 꽈배기바늘에 걸어 앞으로 놓고 안뜨기 1코를 뜬 다음 꽈배기바늘에 걸린 코를 겉뜨기로 뜬다

겉3, 안1 교차뜨기
안 1코를 꽈배기바늘에 걸어 앞으로 놓고 겉뜨기 3코를 뜬 다음 꽈배기바늘에 걸린 코를 안뜨기로 뜬다

실	파스텔(1볼 100g) 75g, 동화(1볼 50g) 군청색 5g, 총 80g
바늘	모사용 코바늘 6/0호
부자재	가방 끈에 들어 갈 리본테이프 110cm, 아이보리색 펠트지 1장, 지름 3.3cm 단추 1개, D링 2개
사이즈	가로 25cm, 세로 17.5cm, 끈 길이 100cm

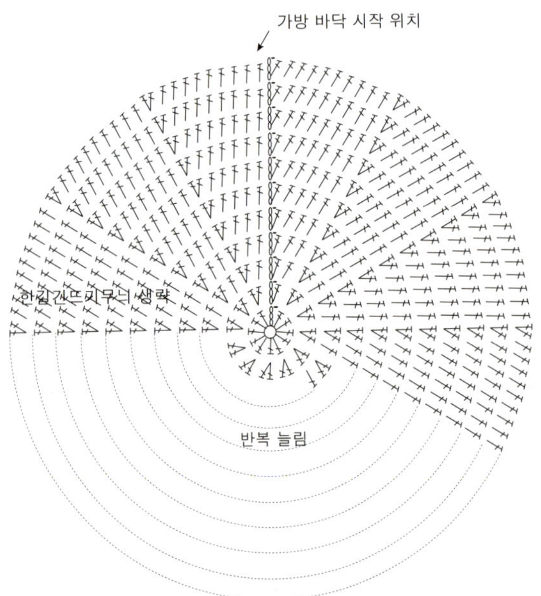

만들어 보세요

1_ 원형 모티프 2장을 만든다.

2_ 원형 모티프 2장에 가방 바닥 부분을 떠놓고 가방 바닥을 돗바늘로 연결한다.

3_ 두 원형 모티프 가장자리에 각각 에칭뜨기를 한다.

4_ 펠트지로 안감을 만들어 가방 안쪽에 고정시킨다.

5_ 가방 끈을 떠서 붙인다. 끈이 늘어지는 것을 방지하기 위해 끈 안쪽에 리본테이프를 붙인다.

가방 바닥뜨기(2개)는 원형 모티프에 걸어서 뜬다.

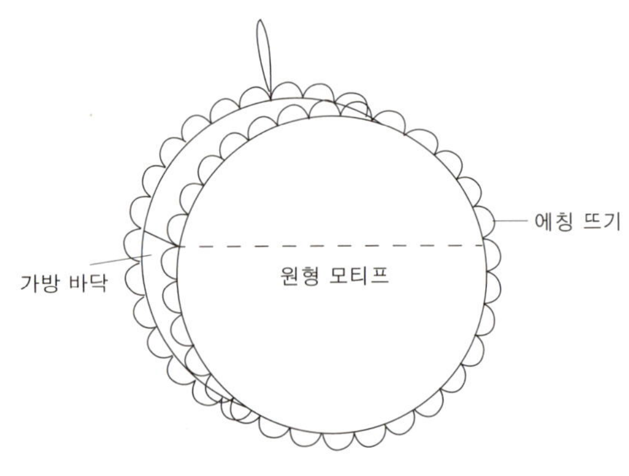

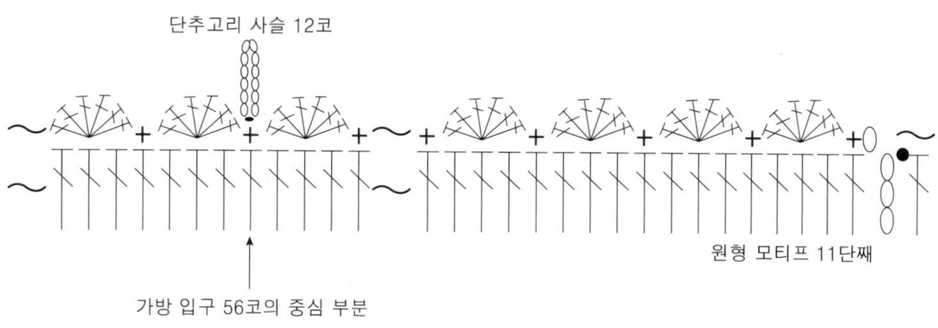

에칭뜨기는 원형 모티프 11단째에 뜬다. 가방 바닥의 첫단은 뒤걸어뜨기이므로 뜰 수 있는 코가 보인다.

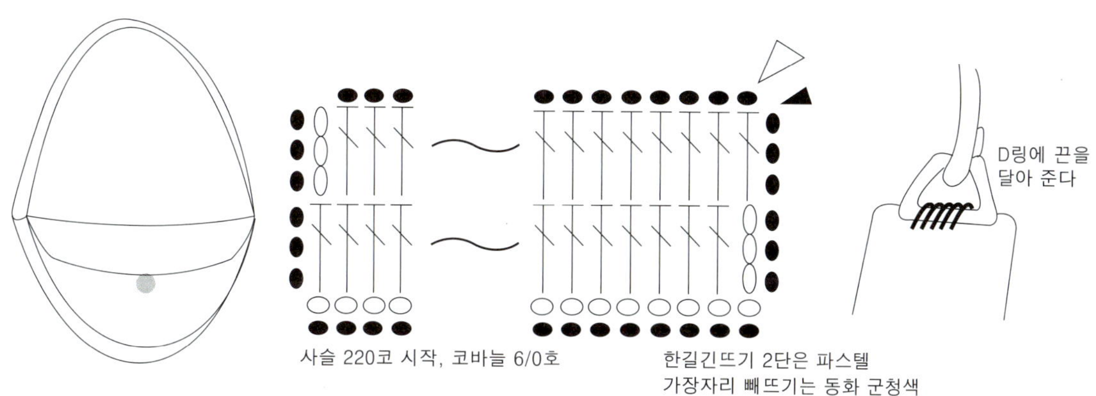

가방 끈 뜨기

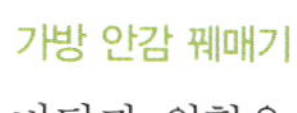

가방 안감 꿰매기

바닥과 원형을 연결한 다음 실선 부분을 잘라낸다.
가방에 넣은 뒤 안쪽에서 꿰매 고정시킨다.

시작 사슬코 부분에 빼뜨기를 할 때는 한길긴뜨기의 올 사이에 바늘을 넣어서 뜬다. 가방 입구를 접고 단추로 여밈한 뒤 가방 끈을 달아준다.

실	코코아(1볼 80g) 91g
바늘	대바늘 5.5mm, 장갑바늘 6mm, 모사용 코바늘 10/0호
사이즈	머리둘레 56cm, 모자길이 25cm

만들어 보세요

1_ 5.5mm 바늘로 일반코 66코를 만들어 도안대로 레이스무늬뜨기를 한다.

2_ 1~21단까지 평면뜨기로 뜨고 22단을 뜬 뒤 뒤집지 않고 원통으로 바로 이어서 뜬다.

3_ 원통으로 연결된 뒤 6mm 바늘로 바꾸고 도안에 제시한 대로 전체 6군데에서 2단마다 코줄임한다.

4_ 코줄임하고 6코가 남으면 실을 10cm 정도 남기고 자른 다음 코를 오므려 당겨 마무리한다.

5_ 모자의 평면뜨기 시작점 양 끝부분에 새로 실을 걸어 사슬코로 끈을 만들어 준다.

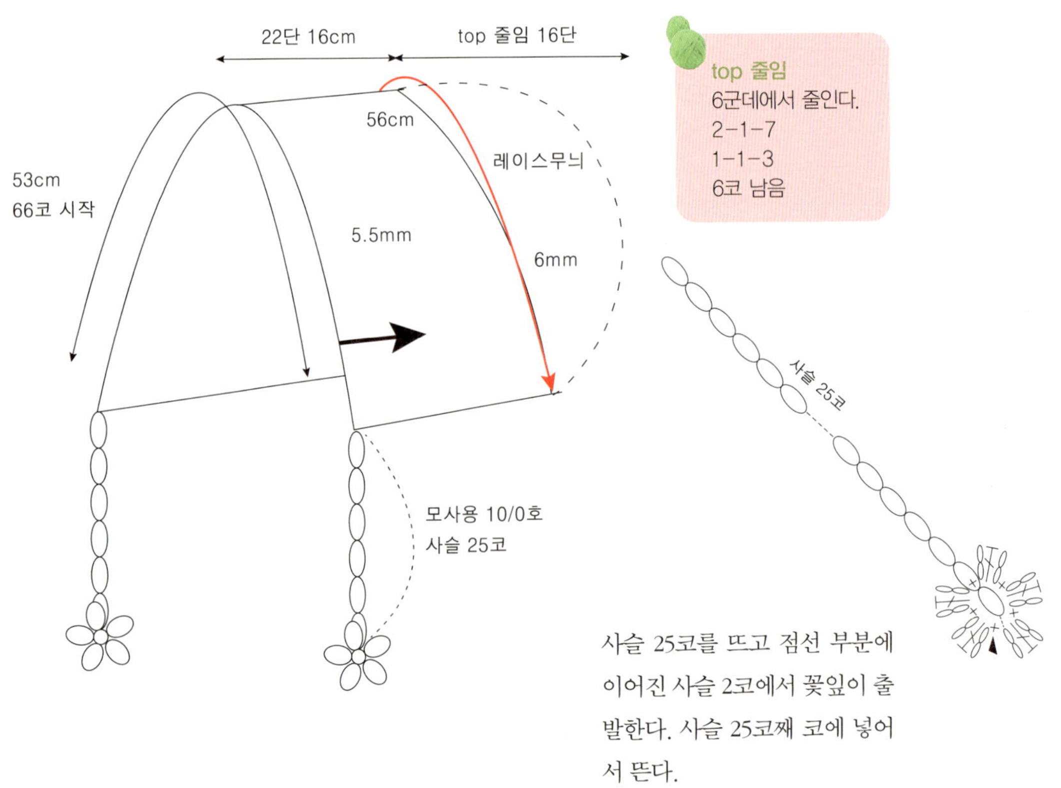

사슬 25코를 뜨고 점선 부분에 이어진 사슬 2코에서 꽃잎이 출발한다. 사슬 25코째 코에 넣어서 뜬다.

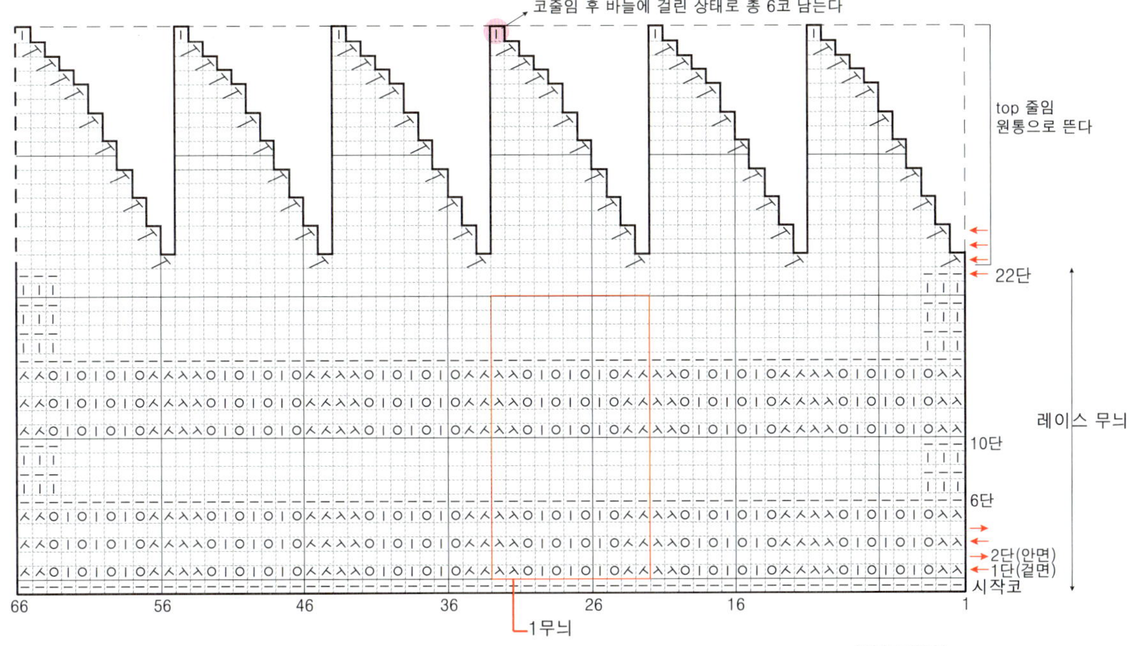

평면뜨기 구간의 짝수단은 뒷면이므로 도안을 왼쪽에서 오른쪽 방향으로 읽고 기호 반대로 떠야 해요. 원통뜨기 구간은 한방향으로만 뜨기 때문에 오른쪽에서 왼쪽 방향으로 보고 도안기호 그대로 떠 줍니다.

레이스무늬뜨기

1단(겉면)_ 오른코모아뜨기 2번, 〔(바늘비우기, 겉1)을 3번 반복, 바늘비우기, 오른코모아뜨기 2번, 왼코모아뜨기 2번〕을 뜬 다음 〔 〕 안을 5번 더 반복한다. 왼코모아뜨기 2번으로 끝난다.

2단(뒷면)_ 모두 안뜨기

3·4단_ 1, 2단과 동일

5단_ 1단과 동일

6단_ 모두 겉뜨기

7단_ 모두 겉뜨기

8단_ 겉3, 안뜨기로 뜨다가 마지막 3코를 겉뜨기

9단_ 모두 겉뜨기

10단_ 8단과 동일

모자를 다 뜨면 레이스무늬뜨기 부분은 스팀으로 모양을 잡는다.

돌잡이 유아용 보닛

실 앙쥬(1볼 100g). 총 20g
바늘 대바늘 4.5mm, 장갑바늘 4.5mm
모사용 코바늘 6/0호

앙쥬 실로 뜬 유아용 보닛

어른 보닛과 도안이 동일하며 바늘 사이즈만 다르다.

실	울소프트(1볼 40g) 40g
바늘	대바늘 4mm
게이지	4mm 한코고무뜨기 31코 32단(늘리지 않고 평편하게 둔 상태로 측정)

만들어 보세요

1_ 7코를 만들어 한코고무뜨기로 70단째 가장자리에서 1코씩 늘려 9코를 만든다.

2_ 가장자리 2코는 에칭레이스뜨기, 가운데 5코는 두건 몸판 무늬가 된다.

3_ 에칭레이스뜨기는 12단을 반복하여 뜨고 두건 몸판은 한코고무뜨기를 유지하며 중심에서 바늘비우기코로 2코씩 늘리고 다음 단에서 바늘비우기코는 꼬아뜨기로 뜨고 중심코는 걸러뜨기한다.

4_ 42단을 더 뜬다(에칭레이스무늬 제외 두건 몸판 콧수는 49코가 됨).

5_ 중심에서 2코씩 중심세코모아뜨기로 뜨고 뒷면에서 중심세코모아뜨기한 코는 걸러뜨기한다.

6_ 도안을 보고 뜨면서 마지막에 7코가 남으면 한코고무뜨기로 70단을 더 뜨고 마무리한다.

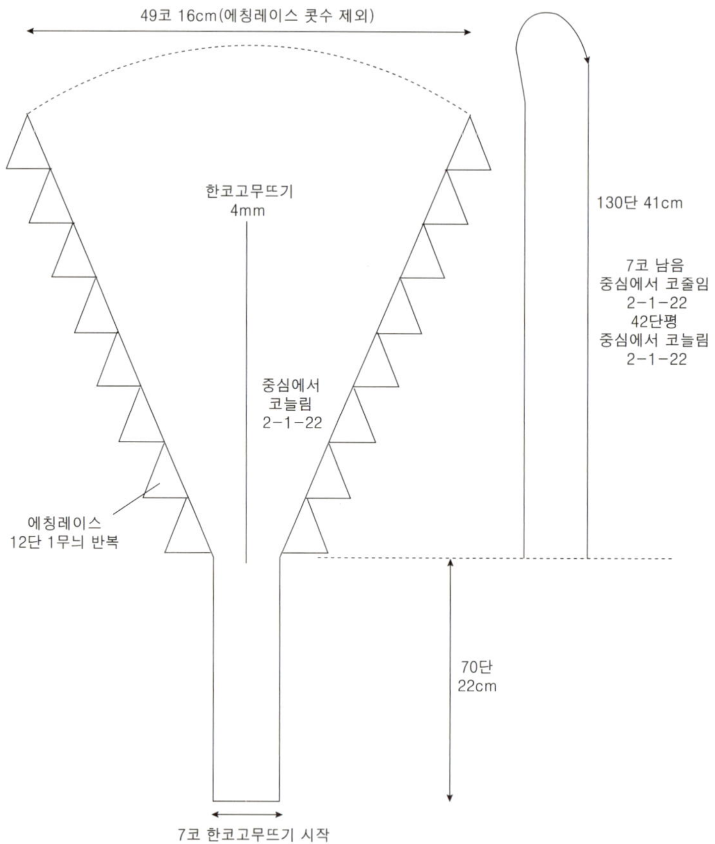

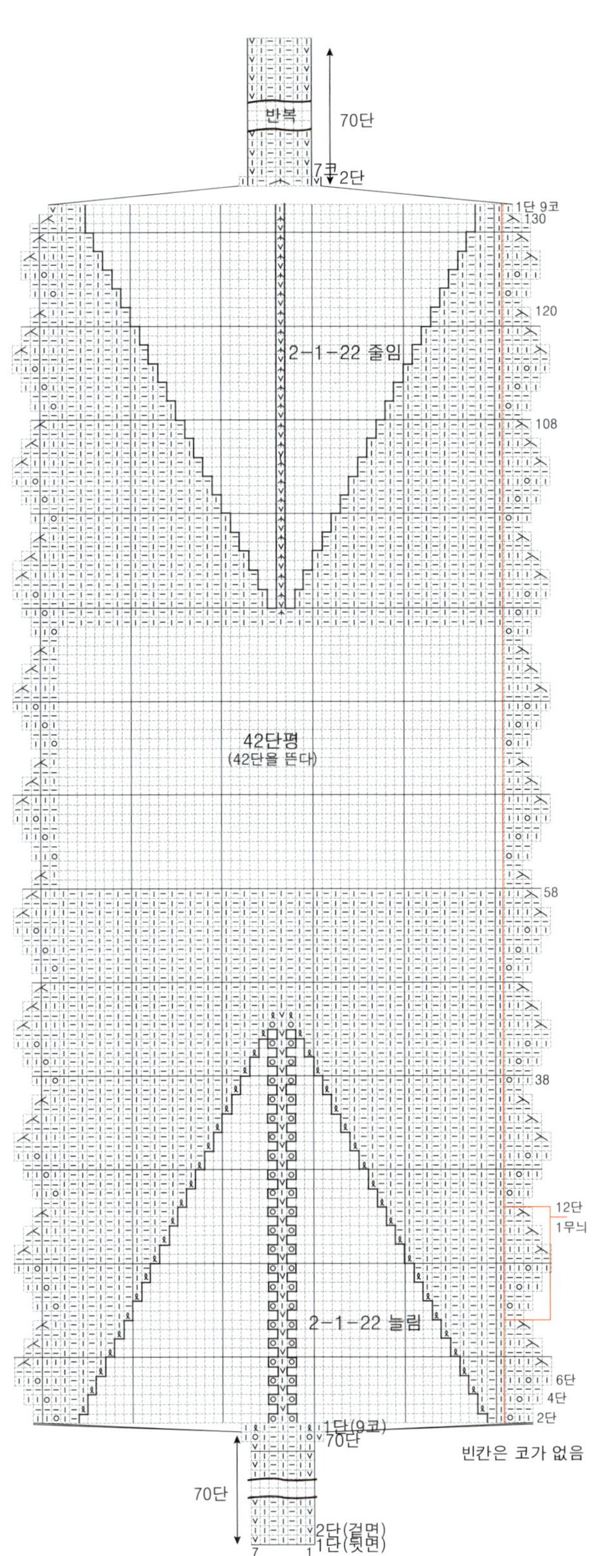

반복
70단
7코 2단
1단 9코
130
120
2-1-22 줄임
108
42단평
(42단을 뜬다)
58
38
12단
1무늬
2-1-22 늘림
6단
4단
2단
1단(9코)
70단
빈칸은 코가 없음
70단
2단(겉면)
1단(뒷면)
7　　1

엄마와 아이가 커플로 착용할 수 있
는 아이템으로 반을 접으면 넥워머
로도 사용할 수 있어요.

실	울소프트(1볼 40g) 60g
바늘	대바늘 4mm
게이지	4mm 한코고무뜨기 31코 32단(늘리지 않고 평편하게 둔 상태로 측정)

만들어 보세요

1_ 7코를 만들어 한코고무뜨기로 70단째 가장자리에서 1코씩 늘려서 9코를 만든다.

2_ 가장자리 2코는 에칭레이스뜨기, 가운데 5코는 두건 몸판 무늬가 된다.

3_ 에칭레이스뜨기는 12단을 반복하여 뜨고 두건 몸판은 한코고무뜨기를 유지하며 중심에서 바늘비우기코로 2코씩 늘리고 다음 단에서 바늘비우기코는 꼬아뜨기로 뜨고 중심코는 걸러뜨기한다.

4_ 50단을 더 뜬다(에칭레이스무늬 제외 두건 몸판 콧수는 61코가 됨).

5_ 중심에서 2코씩 중심세코모아뜨기로 뜨고 뒷면에서 중심세코모아뜨기한 코는 걸러뜨기한다.

6_ 도안을 보고 뜨면서 마지막에 7코가 남으면 한코고무뜨기로 70단을 더 뜨고 마무리한다.

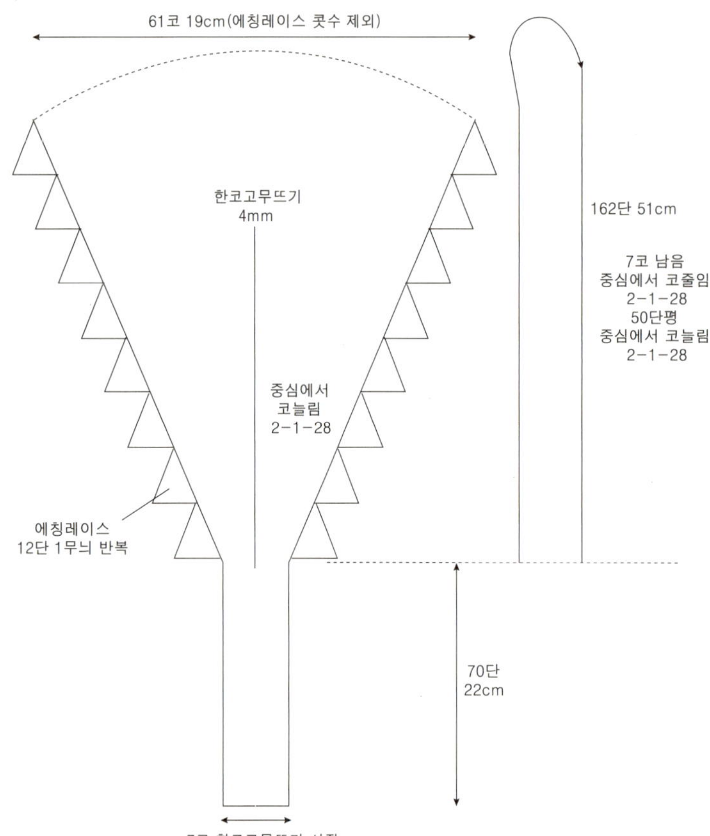

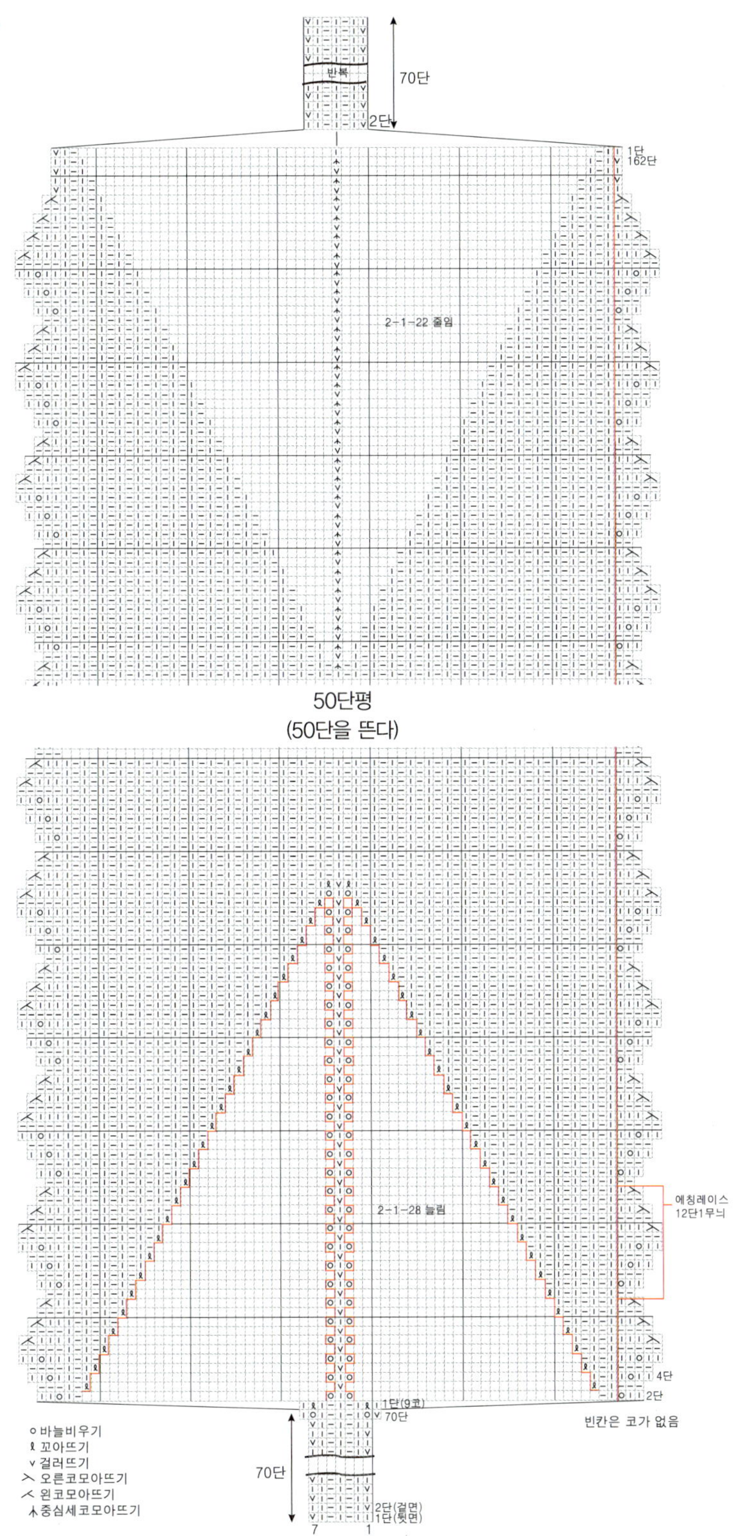
반복
70단
2단
1단 162단
2-1-22 줄임
50단평
(50단을 뜬다)
2-1-28 늘림
에칭레이스
12단1무늬
1단(9코)
70단
1단
70단
2단(겉면)
1단(뒷면)
7 1
4단
2단
빈칸은 코가 없음
○ 바늘비우기
⅄ 꼬아뜨기
∨ 걸러뜨기
⋏ 오른코모아뜨기
⋋ 왼코모아뜨기
⋏ 중심세코모아뜨기

실	울소프트(1볼 40g) 백아이보리색 153g
바늘	대바늘 4mm
게이지	메리야스뜨기 4mm 22코 33단
사이즈	길이 52cm, 펼친 너비 가슴쪽 55cm, 밑단 60cm

만들어 보세요

1_ 일반코 131(가장자리 레이스무늬 5코씩 10코, 몸판 콧수 121코)코를 만들어 도안을 보고 밑단 무늬뜨기를 한다.

2_ 양쪽 가장자리의 레이스뜨기는 유지하면서 가운데 부분은 메리야스뜨기로 85단을 뜬다. 85단째에서 분산코줄임으로 10코를 줄이면 몸판 코가 111코가 된다.

3_ 허리 레이스무늬 15단을 뜨고 모든 코를 덮어코막음한다.

4_ 가운데에서 47코를 만들어 가슴레이스 부분 무늬와 어깨끈 레이스를 뜬다. 어깨끈은 왼쪽과 오른쪽을 각각 나눠 뜬다.

5_ 어깨끈 레이스 길이는 30cm가 되도록 90단을 뜨고 뒤판코막음한 부분에 꿰맨다. 어깨끈은 뒤에서 교차되도록 달아준다.

6_ 4코 아이코드를 30cm 길이로 2개를 만든 뒤 뒤판 허리에 달아준다.

7_ 완성되면 레이스로 뜬 부분을 핀으로 고정시키고 스팀을 쏘여 모양을 잡아준다(블로킹 과정).

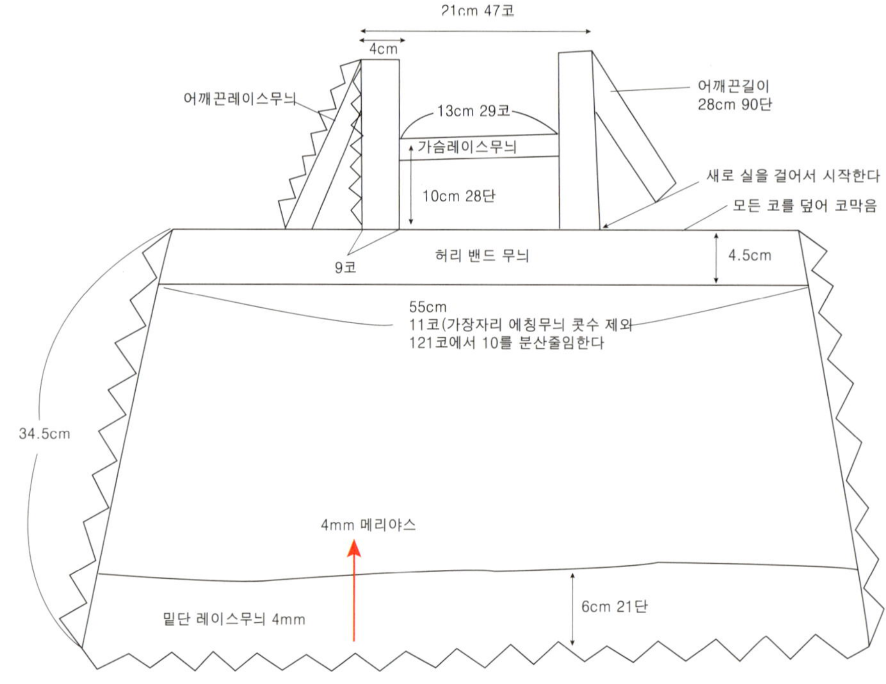

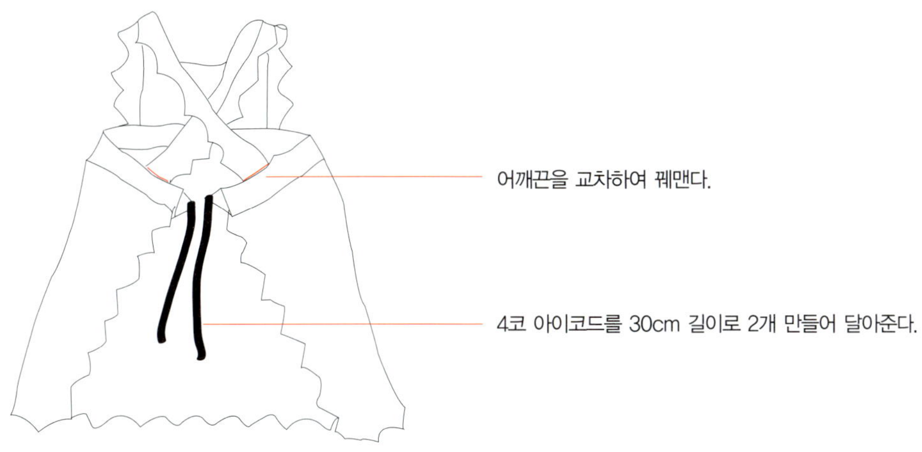

밑단 레이스와 가슴 레이스, 어깨끈 레이스무늬는 도안를 보고 무늬뜨기를 한다.

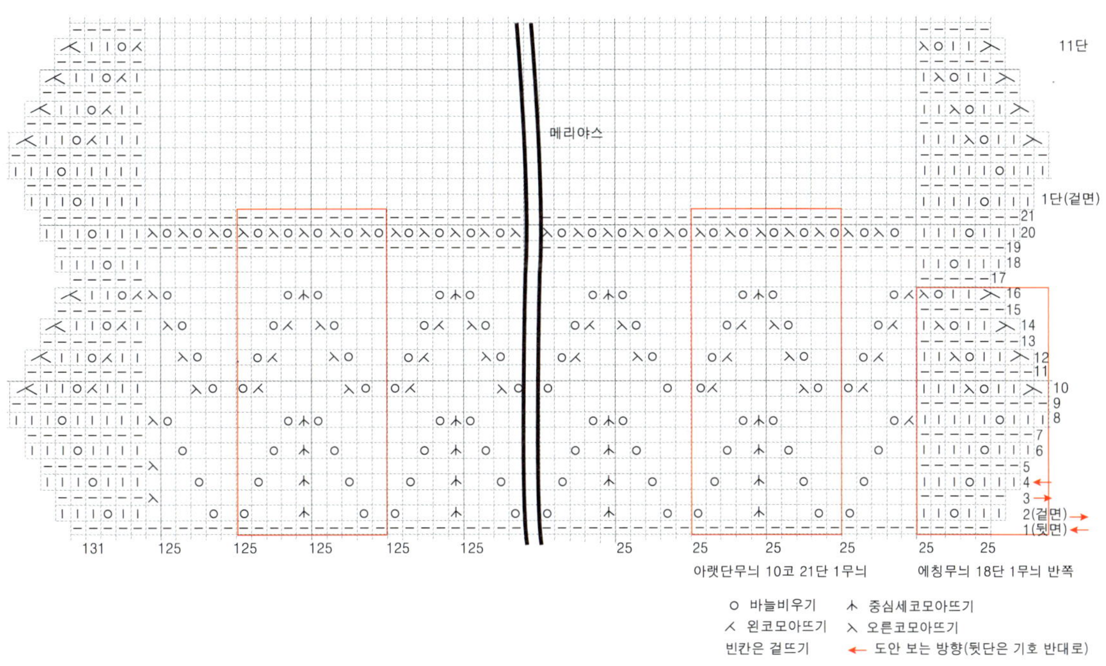

밑단 무늬

4코 아이코드

4mm 바늘을 사용하여 30cm 길이가 될 때까지 뜬다.

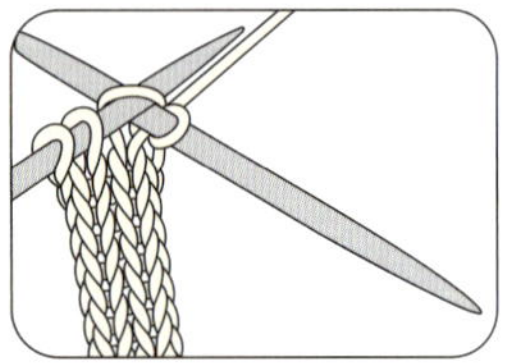

1 4코를 만들어 겉뜨기를
한다.

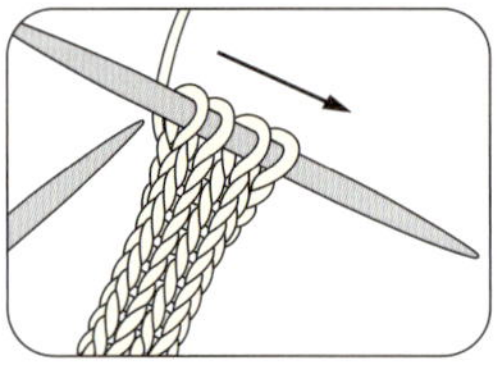

2 화살표 방향으로 편물
을 밀어준다.

3 4코를 겉뜨기한다.

어깨끈 레이스, 허리 밴드, 가슴 레이스무늬뜨기

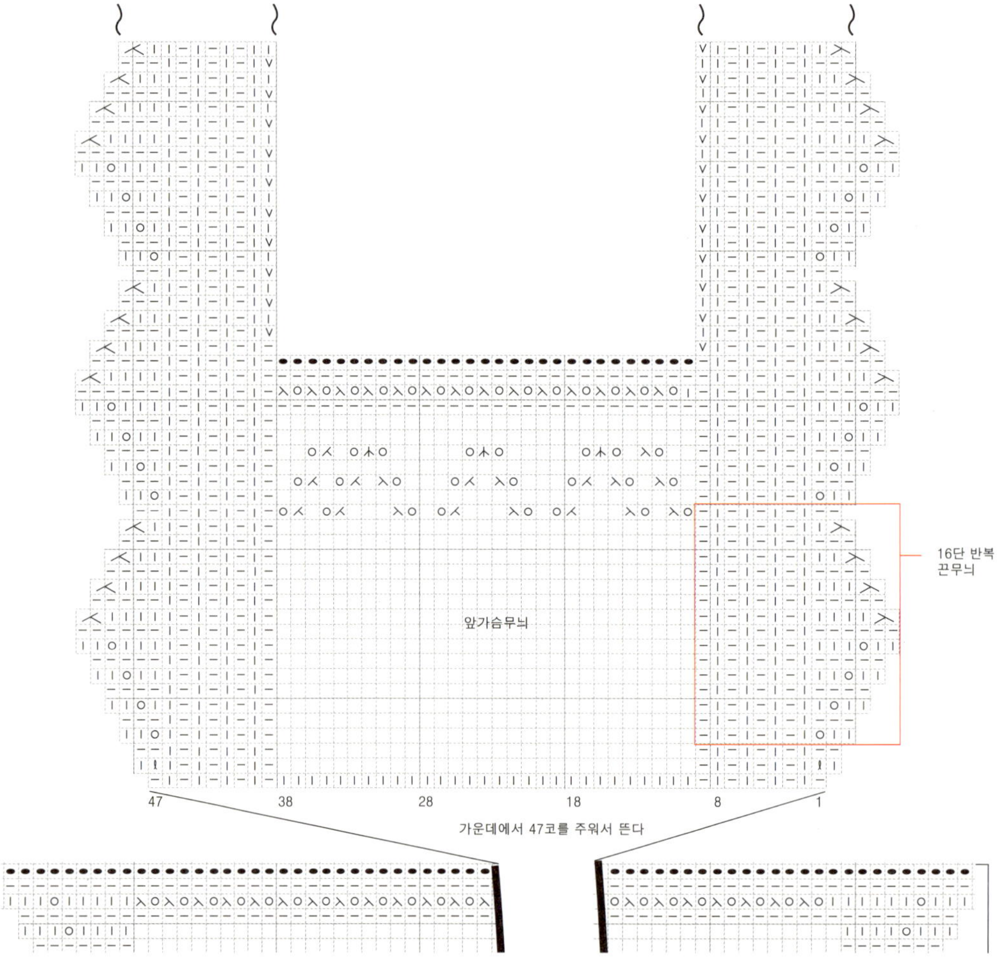

16단 반복
끈무늬

앞가슴무늬

47　　38　　28　　18　　8　1

가운데에서 47코를 주워서 뜬다

※ 이 도안은 101쪽의 도안과 겹쳐서 보아야 합니다.

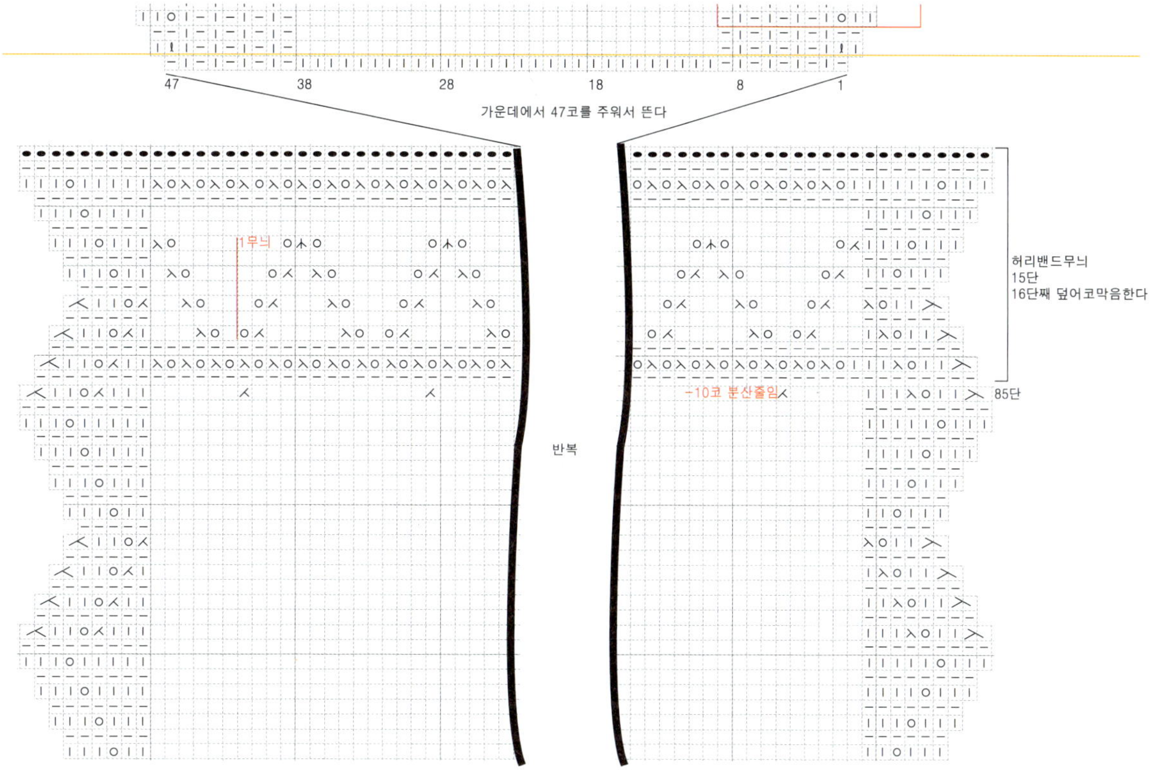

가운데에서 47코를 주워서 뜬다

47 38 28 18 8 1

1무늬

반복

허리밴드무늬
15단
16단째 덮어코막음한다

85단

-10코 분산줄임

블로킹

눈금이 있는 매트나 모눈종이에 좌우 길이를 맞춰 핀을 꽂아 스팀을 쏘이고 마를 때까지 고정시켜 놓는다.

비침무늬가 있는 레이스무늬는 블로킹 과정을 거쳐야 모양이 반듯하게 나온다.

블로킹 과정은 화룡점정이라 할 수 있다.

실	세븐이지(1볼 90g) 노란색 38g
바늘	대바늘 4mm/버블뜨기 사용 시 모사용 코바늘 6/0호
게이지	1무늬(15코) 4mm 바늘 사용 시 8cm
사이즈	둘레 48cm/길이(긴 부분 측정 시) 10cm

만들어 보세요

1_ 일반코 92코를 느슨하게 만든 다음 도안을 보고 27단을 뜬다.

2_ 덮어코막음으로 마무리를 하고 핀으로 고정시킨 뒤에 스팀을 쏘여 모양을 잡아준다.

3_ 옆선잇기로 원형으로 만들어 준다.

4_ 기호에 따라 왕관의 뾰족한 부분에 버블뜨기를 한다.

시작코 부분이 왕관의 뾰족한 부분이 된다.

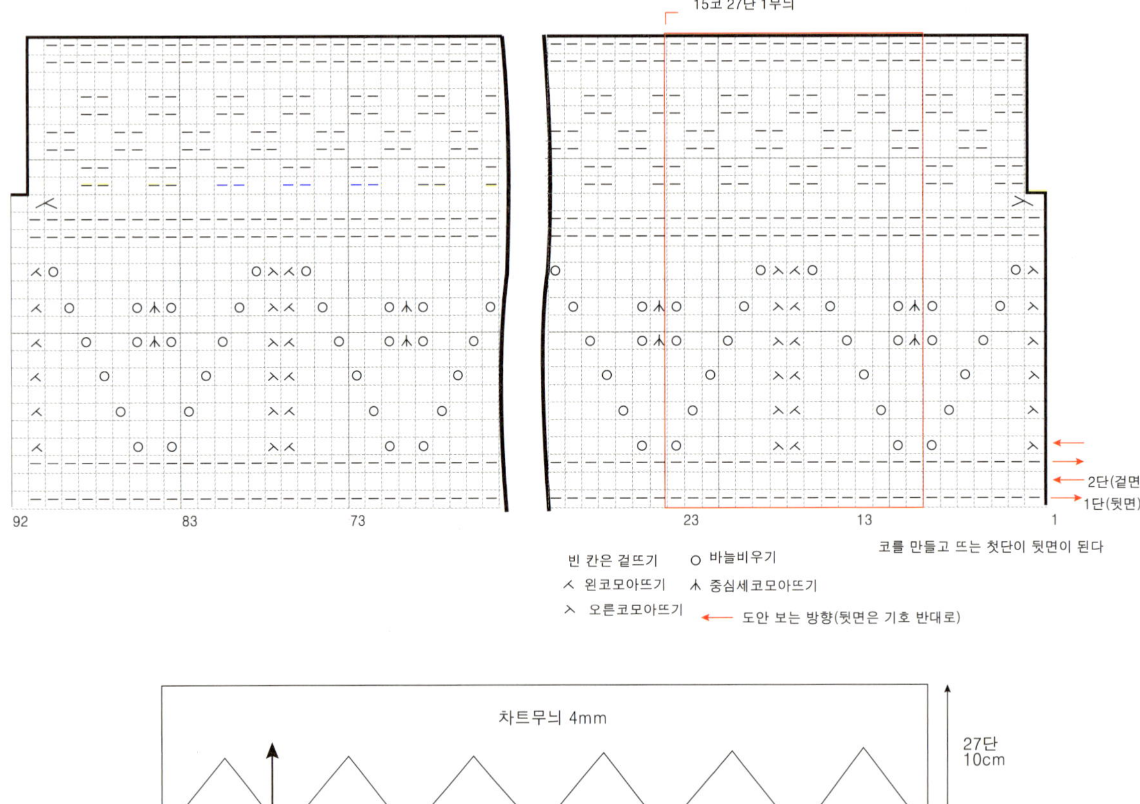

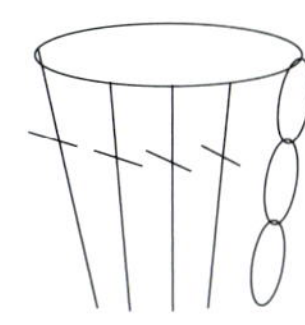

모사용 코바늘 6/0호

각 뾰족한 부분에 새로 실을 걸어 팝콘뜨기를 한다.

원형으로 연결하기 전에 핀으로 모양을 잡고 스팀을 쏘이는 블로킹 과정을 먼저 한다.

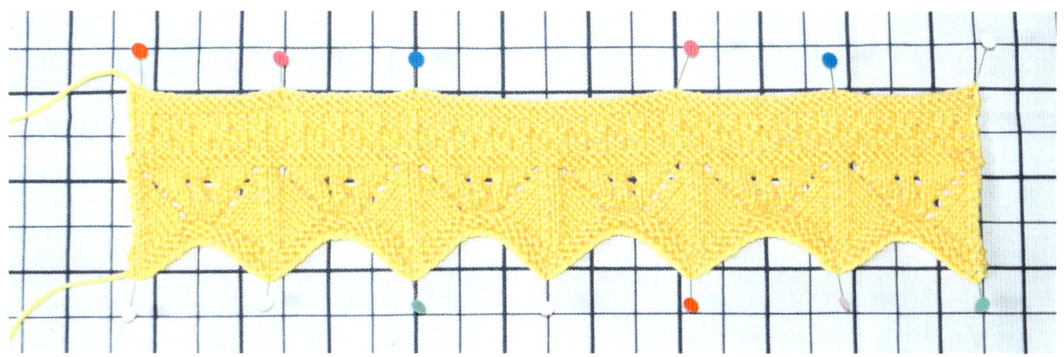

티아라 머리핀

실	코튼데이트 약간
바늘	모사용 코바늘 2/0호
부자재	집게 머리핀대
사이즈	핀 폭 0.5cm, 길이 4cm

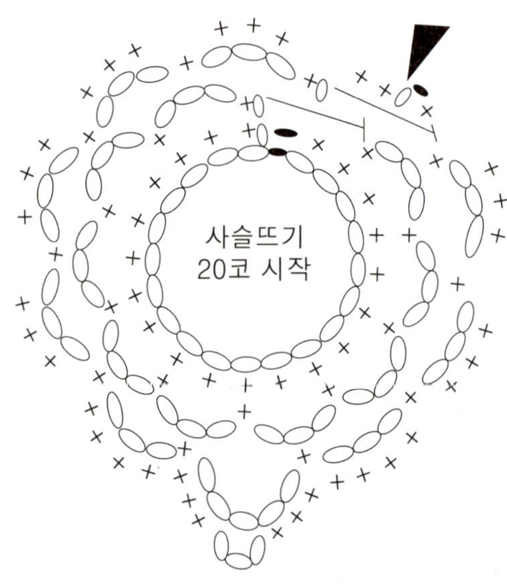

왕관모티프

만들어 보세요

1_ 핀대 짧은뜨기 부분을 떠준다.

2_ 그림을 참고하여 왕관 모티프를 뜬다.

3_ 핀대 짧은뜨기를 핀에 접착시키고 왕관 모티프를
위에 고정시킨다.

> ⊕ 뜨개질에서 새로운 단을 시작할 때 모가 지도
> 록 세우는 기둥코는 콧수에 해당되지 않아요.
> 소품은 촘촘하게 뜰수록 예쁘기 때문에 평소
> 느슨하게 뜨는 편이라면 한 호 작은 바늘로 바
> 꿔서 떠보세요.

만들어 보세요_핀대 짧은뜨기

1_ 각 왕관의 모티프를 뜬 것과 같은 색의 코튼데이트
로 사슬11코를 만든다.

2_ 짧은뜨기 3단을 뜨고 마무리한다.

3_ 핀대에 짧은뜨기한 것을 글루건으로 붙인다.

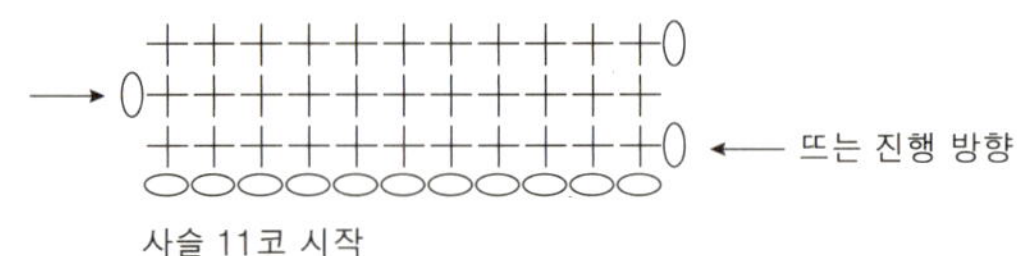

> ⊕ 샘플에 사용된 핀대와 크기가 다르면 도안대
> 로 핀대에 붙일 짧은뜨기 3단 하나를 뜬 다음
> 핀대에 대보면 가늠할 수 있어요. 그런 다음
> 시작코를 바꿔 짧은뜨기로 3단 정도 더 뜨거
> 나 덜 뜨면 되지요.

꽃 머리핀

실	코튼데이트 약간
바늘	모사용 코바늘 2/0호
부자재	집게 머리핀대
사이즈	핀 폭 1cm, 길이 6cm, 꽃 지름 5.5cm

만들어 보세요

1_ 도안을 보고 핀대에 붙일 짧은뜨기를 한다. 사슬 18코를 만들어 짧은뜨기 3단을 뜨고 마무리한다.

2_ 원형 모티프를 먼저 떠 놓는다.

3_ 원형 모티프 위에 새로 실을 걸어 이랑뜨기코의 한올에 걸어 한길긴뜨기를 2코씩 떠 넣는다.

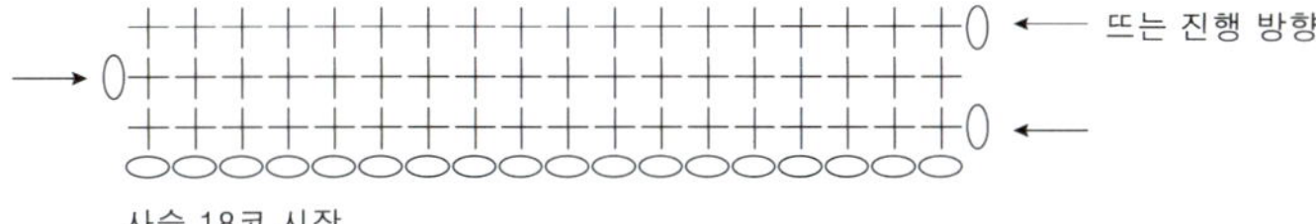

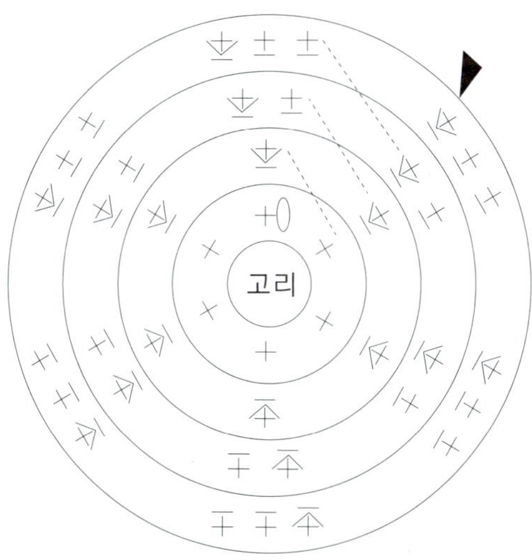

고리에 시작코를 만든다.

1단_ 짧은뜨기 6코

2단_ 이랑짧은뜨기로 12코(+6코)

기둥코를 세우지 않고 1단의 코에 바로 뜬다.

3단_ 이랑짧은뜨기로 18코(+6코)

기둥코를 세우지 않고 2단의 코에 바로 뜬다.

4단_ 이랑짧은뜨기로 24코(+6코)

실을 자른다.

원형 모티프 위 중심부부터 이랑뜨기코의 한올에 걸어서 매 코마다 한길긴뜨기 2코씩 떠 넣는다.

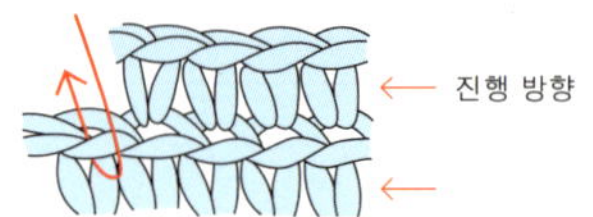

이랑뜨기코에 2코씩 뜬다.

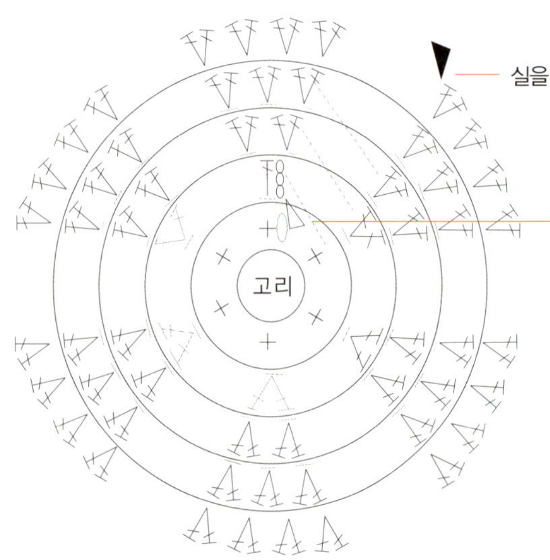

기호를 보면서 원형 모티프 위에 이랑뜨기를 뜬다.

이랑뜨기의 반 코에 한길긴뜨기를 2코씩 떠 넣으면 다음의 사진처럼 된다.

뒷면   겉면

모자 머리핀

실	코튼데이트 4g 내외
바늘	모사용 코바늘 2/0호
부자재	집게 머리핀대
사이즈	핀 폭 1cm, 길이 6cm

만들어 보세요

1_ 집게 핀대에 짧은뜨기를 뜬다.

2_ 모자를 뜬다. 7~8단은 모자의 챙부분이다.

3_ 5단째의 이랑뜨기코의 올에 새로 실을 걸어 모자 리본을 짧은뜨기로 떠 넣는다.

4_ 모자를 핀대 짧은뜨기에 접착시킨다.

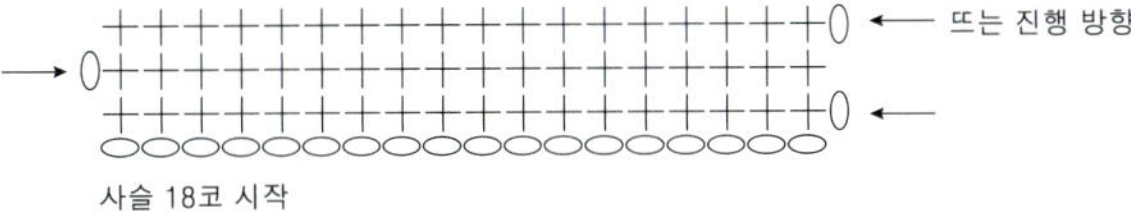

핀대 짧은뜨기

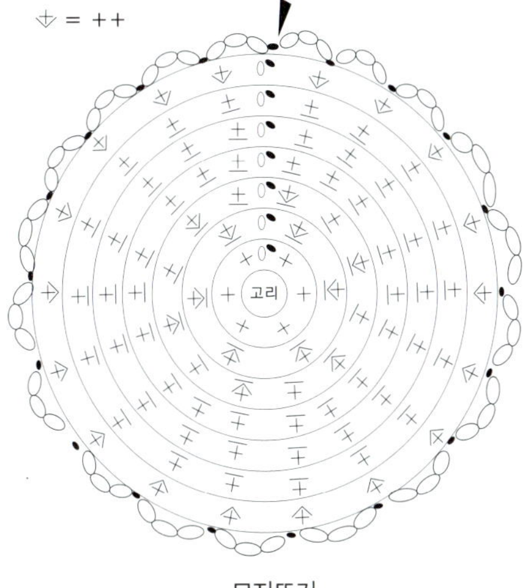

모자뜨기

고리의 시작코를 만든다.

1단_ 짧은뜨기 6코

2단_ 이랑 짧은뜨기 12코(+6코)

3단_ 이랑 짧은뜨기 18코(+6코)

4단_ 이랑 짧은뜨기 18코

5단_ 이랑 짧은뜨기 18코

6단_ 이랑 짧은뜨기 18코

챙뜨기 7단_ 짧은뜨기 36코(+18코)

8단_ 빼뜨기와 사슬 3코뜨기 반복

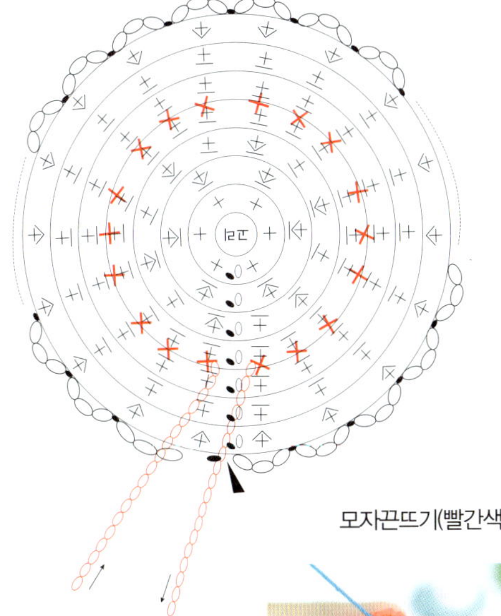

모자끈뜨기(빨간색)

사슬 18코를 뜨고 5단째의 짧은뜨기에 걸쳐 있는(실제는 4단째의 반코) 이랑뜨기 각 코에 짧은뜨기를 한 뒤 사슬 18코를 뜨고 마무리한다. 사슬코끼리 리본으로 묶어준다.

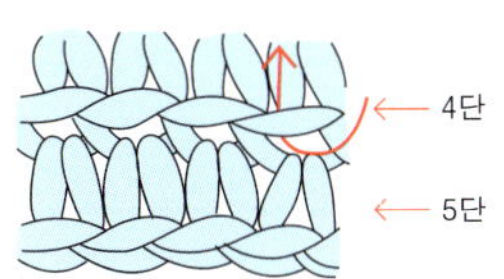

실	동화(흰색 10g, 노랑 3g, 연두 6g, 회색 2g, 연노랑 아주 조금, 핑크 3g, 살구색 4g, 베이비핑크 3g, 진핑크 3g)
바늘	모사용 코바늘 6/0호
사이즈	높이 17cm, 바닥 지름 11cm 총 37g

만들어 보세요

1_ 그래니 스퀘어 모티프 5장을 만든다.

2_ 몸판 모티프 4장은 짧은뜨기로 길게 연결하고 바닥 모티프도 짧은뜨기로 연결한다. 주머니 입구에서 무늬뜨기를 한다.

3_ 끈 2개를 만든 다음 주머니 입구에 지그재그로 통과시키고 끈을 원형으로 연결해 준다.

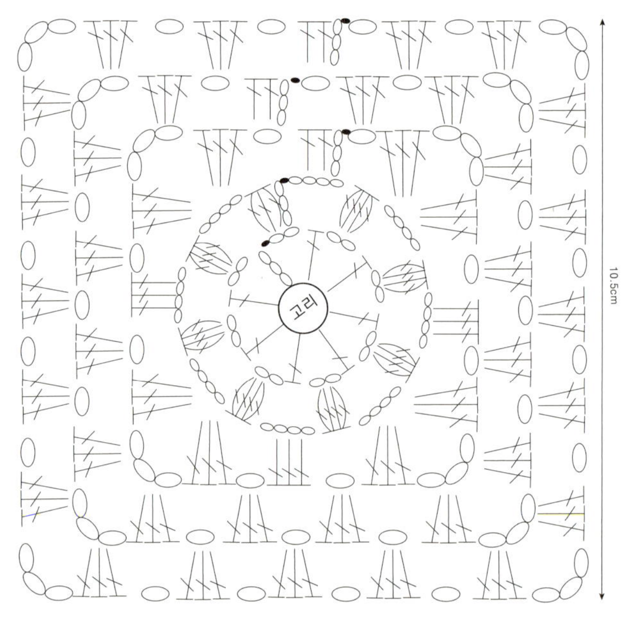

그래니 모티프

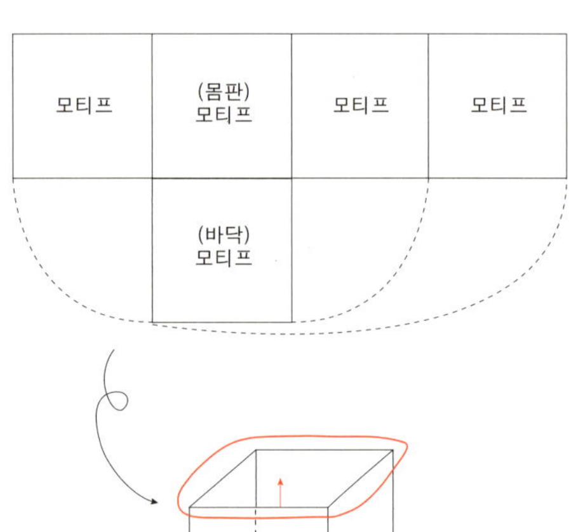

모티프 연결과 주머니 입구 무늬뜨기

빨간선을 먼저 짧은뜨기로 연결하여 모티프 4장이 원통형이 되도록 한다. 바닥 모티프 4장을 모티프에 짧은뜨기로 연결한다. 입구에서 짧은뜨기 88코를 뜨고 무늬뜨기 8단을 한다.

1단 노랑	1단 노랑	1단 노랑
2단 흰색	2단 흰색	2단 흰색
3단 연두	3단 연두	3단 연두
4단 살구색	4단 핑크	4단 연노랑
5단 핑크	5단 진핑크	5단 회색
2장	2장	1장

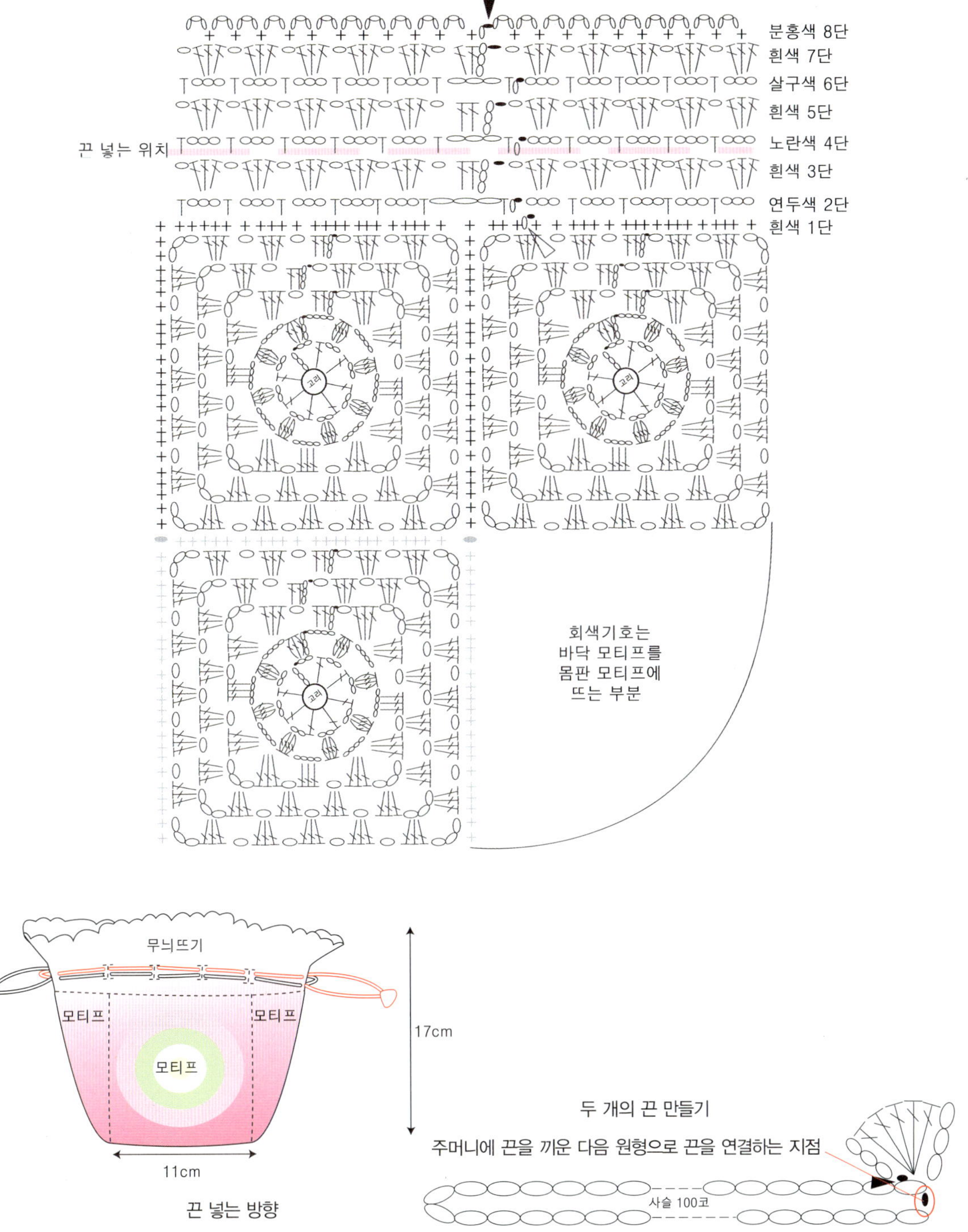

분홍색 8단
흰색 7단
살구색 6단
흰색 5단
노란색 4단
흰색 3단
연두색 2단
흰색 1단
끈 넣는 위치
고리
고리
고리
회색기호는
바닥 모티프를
몸판 모티프에
뜨는 부분
무늬뜨기
모티프
모티프
모티프
17cm
11cm
끈 넣는 방향
두 개의 끈 만들기
주머니에 끈을 끼운 다음 원형으로 끈을 연결하는 지점
사슬 100코

나뭇잎 머리띠 Page 46

실	GS 스커버(1볼 70g) 금색 10g, 5ply밀레니엄(1볼 90g) 올리브그린색 13g
바늘	모사용 코바늘 5/0호
부자재	머리띠

만들어 보세요

1무늬_ 사슬 3코를 만들어 세 번째 사슬코에 한길긴뜨기를 하고 기둥코 사슬 2코를 뜨고 한길긴뜨기 몸통에 걸어 한길긴뜨기 5코를 뜬다. 사슬 3코를 만들고 세 번째 사슬코에 짧은뜨기한다. 처음 만든 사슬코 몸통에 한길긴뜨기 5코, 짧은뜨기 1코를 뜬다.

2무늬_ 이어서 사슬 2코를 뜨고 1단째의 짧은뜨기코 옆에 걸어서 한길긴뜨기를 한다. 기둥코 사슬 2코를 뜨고 한길긴뜨기 몸통에 걸어 한길긴뜨기 5코를 뜬다. 사슬 3코를 만들고 세 번째 사슬코에 짧은뜨기한다.

3~6무늬_ 2무늬의 무늬뜨기 방법으로 한길긴뜨기 5코 무늬를 뜬다.

7~18무늬_ 2무늬의 방법과 동일하게 뜨되 한길긴뜨기를 6코를 12무늬 뜬다.

19~24무늬_ 한길긴뜨기 5코 무늬로 6무늬를 뜬다.

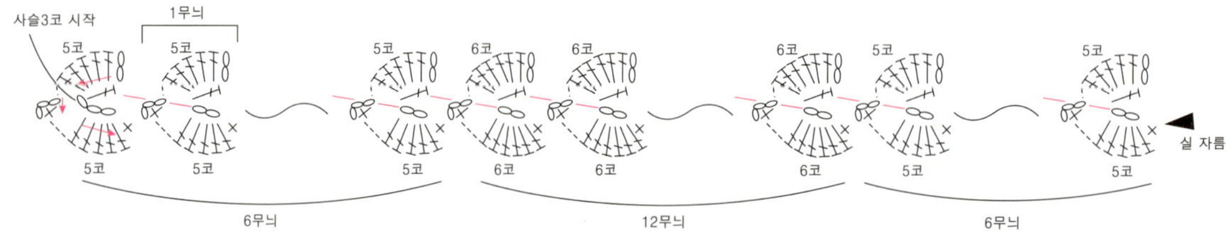

도안대로 뜬 다음 머리띠 프레임에 접착한다.

실	5ply밀레니엄 아이보리 30g, 연하늘색·연핑크색·녹색 조금
바늘	모사용 코바늘 4/0호
부자재	구름솜
사이즈	솜을 넣은 상태로 가로 11cm, 완성작 32g

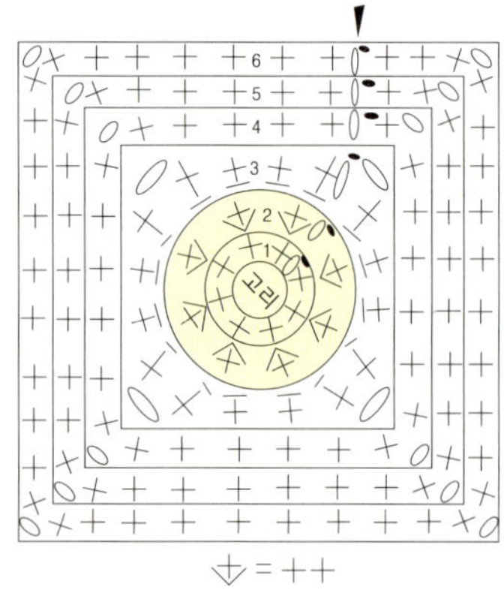

만들어 보세요

1_ 모티프 8장을 만든다.

2_ 모티프를 순서대로 짧은뜨기로 연결한다.

3_ 마지막 한 면은 남겨 구름솜을 넣는다.

4_ 마지막 면을 짧은뜨기로 연결하여 마무리한다.

5_ 모티프 중앙에 실을 통과시켜 나뭇잎 모티프와 함께 붙여서 힘껏 당긴다.

1, 2단_ 노란색
3~6단_ 아이보리색
모티프 연결색_ 연핑크 혹은 하늘색

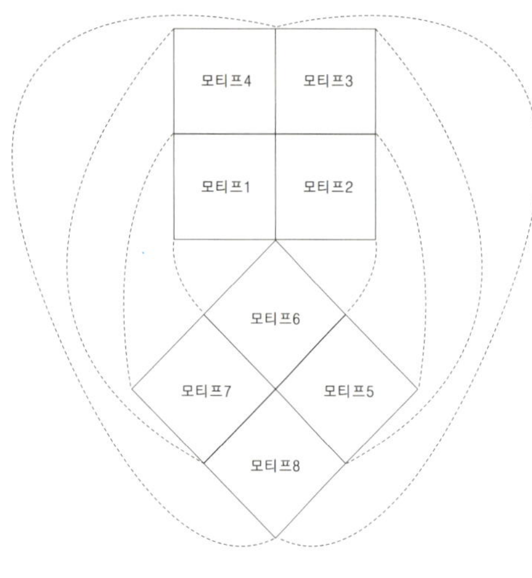

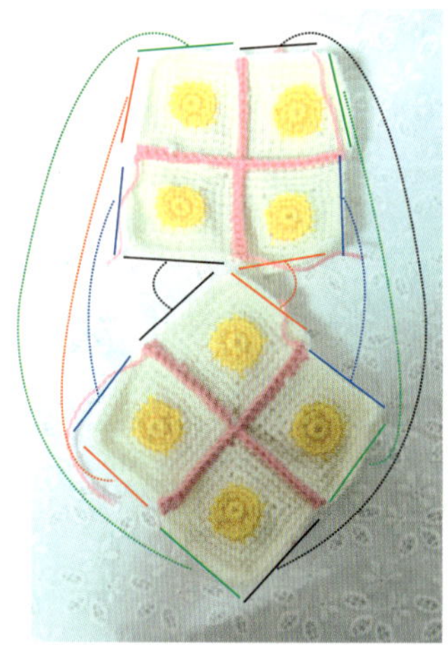

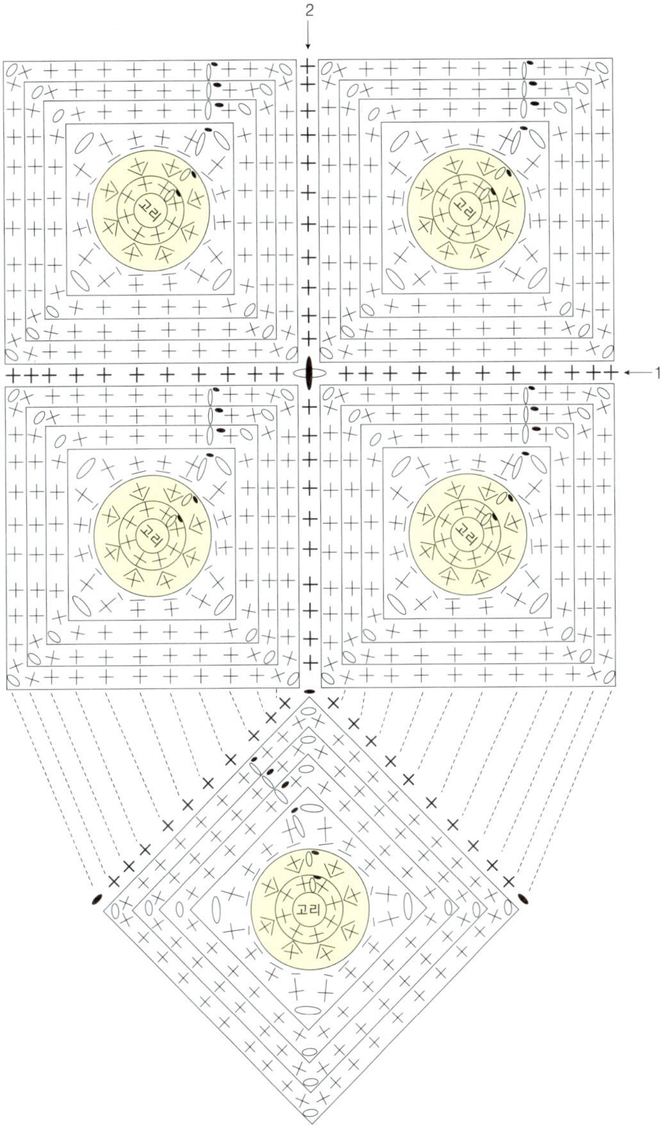

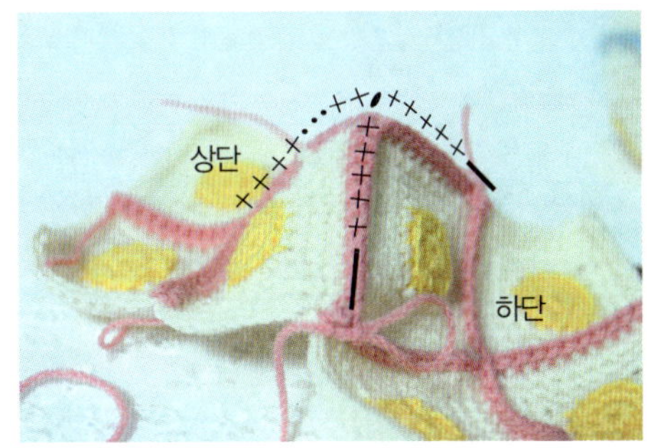

솜 넣을 창구멍을 남겨 놓고 짧은뜨기
로 연결한다.

솜을 넉넉하게 넣고 짧은뜨기를 한다.

핀쿠션의 모티프 중앙 부분에
돗바늘을 위아래로 통과시킨
다. 이때 나뭇잎의 아랫부분
을 통과시키고 단단히 당겨서
마무리한다.

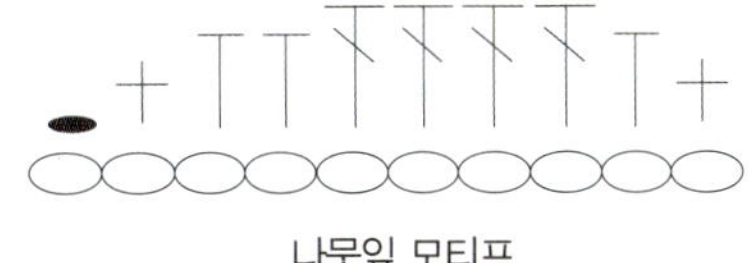

나뭇잎 모티프

실　　모사용 4/0호 녹색

사슬 10코를 만들어 왼쪽의 그림처럼 1장을 만든다.

해바라기 장식 Page ◯ 49

실	카드면 12합색새(1콘 1kg), 큰 해바라기 노란색 18g, 진밤색 28g, 미니 해바라기 1개당 노란색 5g, 진밤색 11g
바늘	모사용 코바늘 4/0호
부자재	내경 3cm 종 2개, 내경 4cm 종 1개, 레이스 리본 1마, 꽃프린트 리본 1마
사이즈	큰 해바라기 지름 15cm, 미니 해바라기 지름 11cm

만들어 보세요

1_ 진밤색 실로 고리의 시작코를 만들어 짧은뜨기 10코를 만든다. 도안대로 6단을 뜬다.

2_ 노란색 실을 새로 걸어 7단과 8단 무늬를 뜨고 마무리한다.

3_ 해바라기 2장을 만든다.

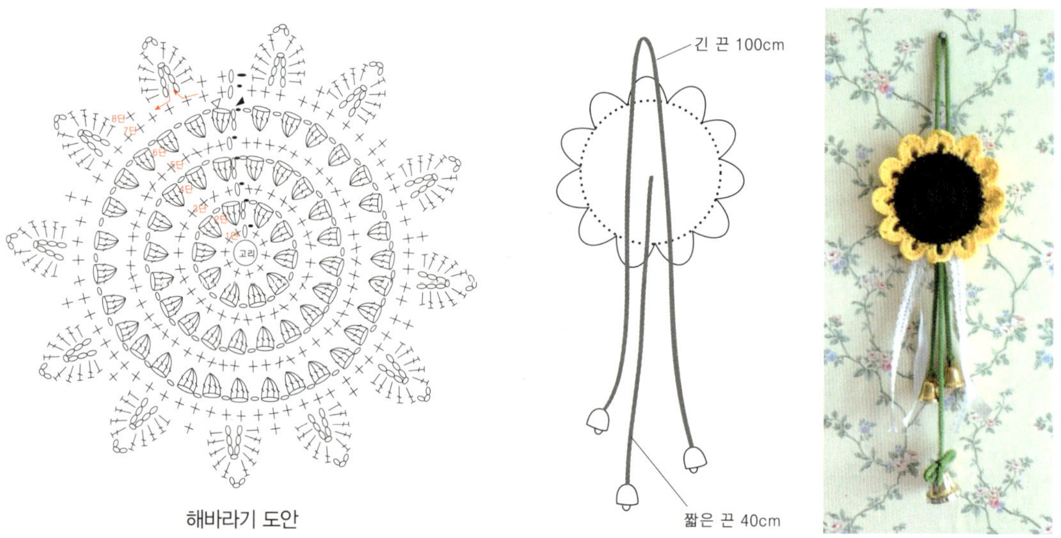

해바라기 모티프 2장을 겹쳐 놓고 모티프 사이에 리본을 그림처럼 꿰매어 고정시킨 다음 해바라기 모티프 2장을 점선 위치에서 꿰맨다. 리본 아래 쪽에 종을 달아준다.

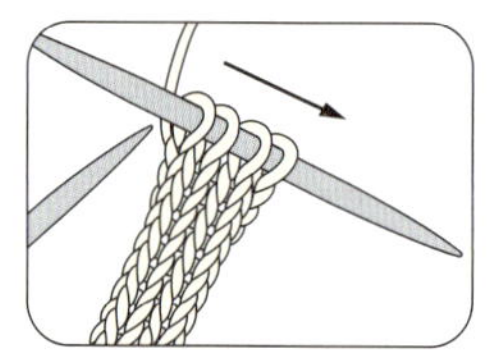

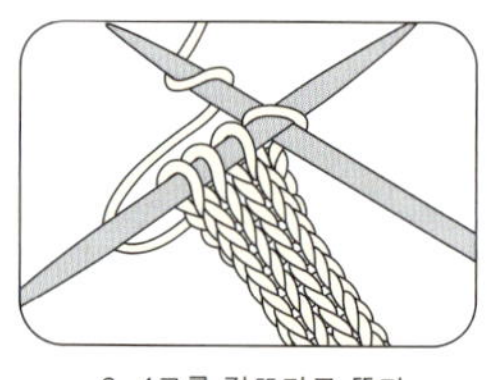

1. 4코를 만들어 겉뜨기를 한다.　　2. 화살표 방향으로 편물을 밀어준다.　　3. 4코를 겉뜨기로 뜬다.

아이코드 3.5mm 대바늘
아이코드 긴 끈 100cm, 짧은 끈 40cm

➕ 아이코드 대신 코바늘로 이중사슬 뜨기를 하거나 초록색 리본으로 대체해도 됩니다.

미니 해바라기

고리의 시작코로 짧은뜨기 10코를 만들고 4단까지 진밤색으로 뜬 다음 5단과 6단은 노란색으로 뜬다. 필요한 만큼 만들고 뒷면에 리본이나 아이코드 끈을 고정시킨다. 선물포장 장식 혹은 커튼 장식으로 사용할 수 있다.

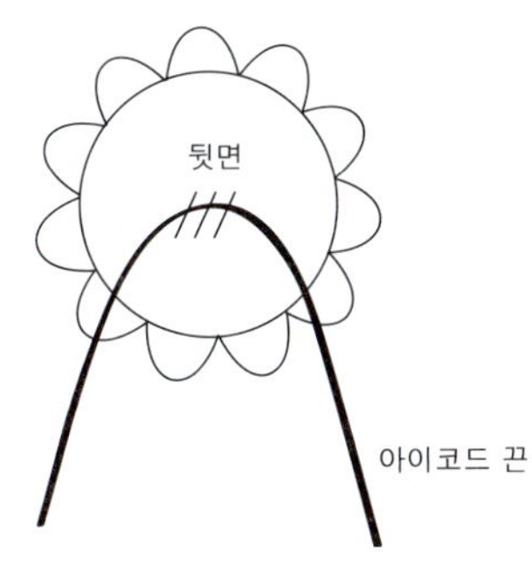

아이코드는 리본으로 대체해도 된다.

코튼데이트 초록색으로 100cm를 만든다.

끈을 뒷면 중심에 고정시킨다.

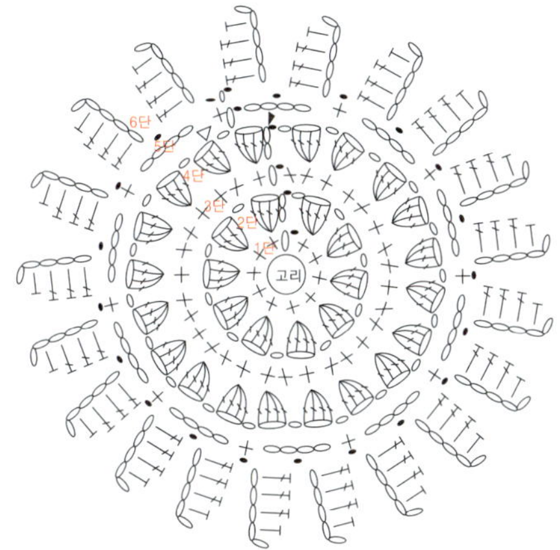

6단의 빼뜨기는 사슬코 몸통에 걸어준다.

인형 손목 쿠션 Page ◗ 50

실	멜로디(1볼 80g) 연핑크 40g, 인형 목도리 울소프트 5g
바늘	대바늘 4.5mm, 인형 목도리: 장갑바늘 3mm, 4.5mm 4개
부자재	3mm 인형 눈 1쌍, 구름솜
게이지	메리야스뜨기 4.5mm 13코 20단
사이즈	길이 29cm, 둘레(솜 넣은 상태) 25cm

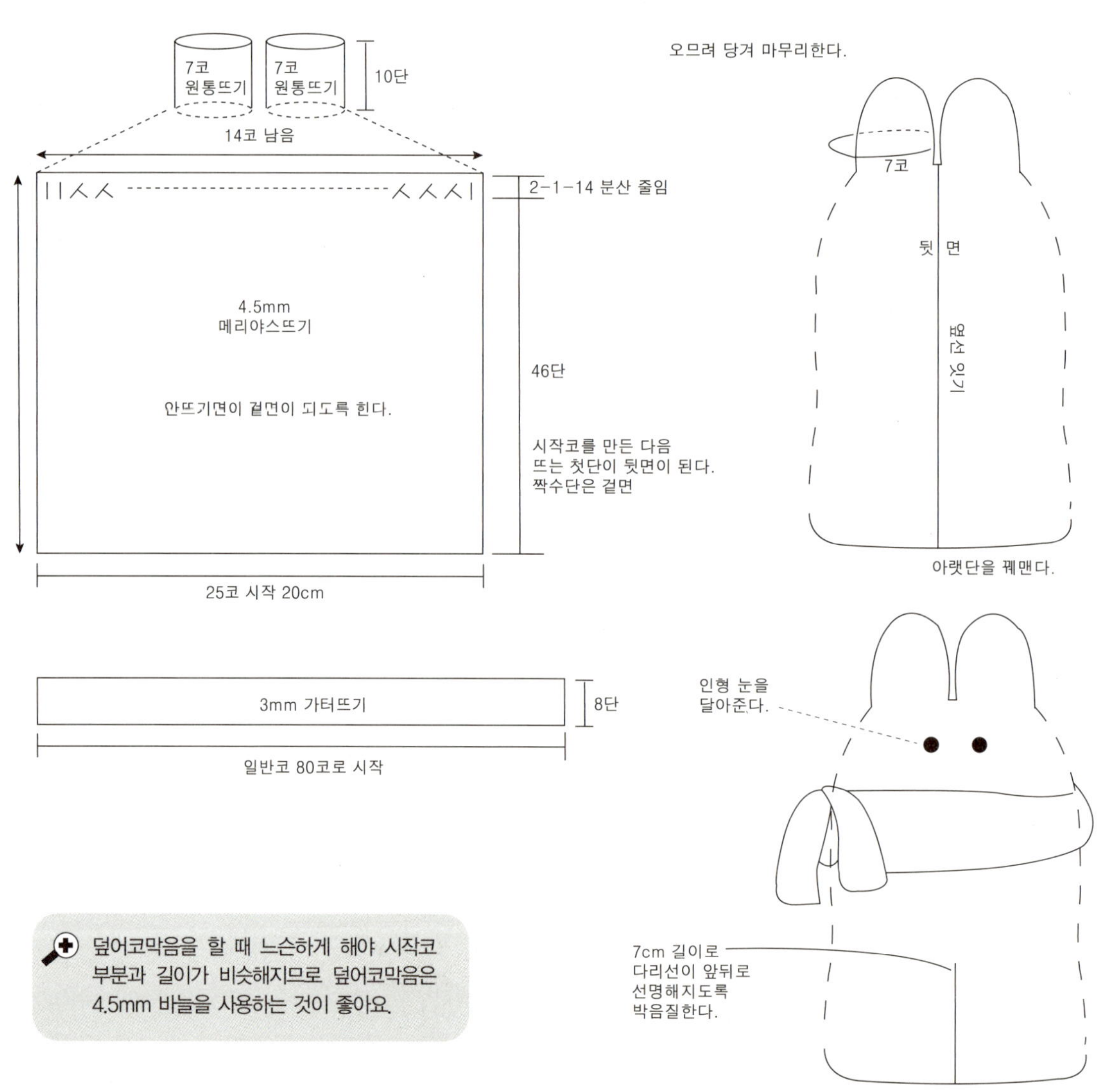

덮어코막음을 할 때 느슨하게 해야 시작코
부분과 길이가 비슷해지므로 덮어코막음은
4.5mm 바늘을 사용하는 것이 좋아요.

만들어 보세요

1_ 멜로디실에 4.5mm 바늘로 일반코 25코를 만들어 메리야스뜨기로 47단을 뜬다.

2_ 48단째(겉면)에서 겉 1코, 두코모아뜨기 반복, 마지막 2코는 겉뜨기로 떠서 고르게 코줄임한다(14코가 됨).

3_ 뒤집지 않고 겉뜨기 방향으로 14코를 7코씩 나눠서 장갑바늘을 사용해 원통으로 10단을 뜨고 오므려 당겨 마무리한다. 반대쪽 7코도 같은 방법으로 원통뜨기하고 마무리한다. 쿠션은 안뜨기면을 겉면으로 하므로 원통뜨기한 귀를 뒤집어서 안뜨기면이 겉으로 오도록 한다.

4_ 48단을 옆선잇기하고 구름솜을 적당히 넣는다.

5_ 아랫부분을 꿰맨 다음 다리 부분을 입체감 있게 앞뒤로 박음선이 보이도록 박음질한다.

6_ 인형 눈을 달아주고 인형 목도리를 뜬 다음 목도리를 달아준다.

완성품

실	울루비(1볼 50g) 225g 사용
바늘	대바늘 5mm
사이즈	가장 긴 부분 너비 41cm, 길이 180cm

만들어 보세요

1_ 일반코로 3코를 만들어 도안의 코늘림대로 코를 늘리고 도안은 왼쪽 교차뜨기무늬 부분과 에칭뜨기 부분으로 나뉜다.

2_ 무늬뜨기 부분에서 코늘림을 하고 에칭뜨기는 무늬를 유지하면서 떠올라간다. 왼쪽 무늬뜨기 부분에서 코늘림을 2−1−36 / 4−1−31로 늘리면 교차뜨기 무늬 17코＋메리야스 49코가 된다. 에칭무늬뜨기 부분을 제외한 콧수는 69코가 된다.

3_ 다시 4단마다 코줄임 31번을 하고 2단마다 코줄임하여 3코가 남을 때까지 줄인다. 남은 3코는 덮어코막음으로 마무리한다. 교차뜨기 무늬는 유지하면서 코줄임을 하고 에칭뜨기의 코줄임은 도안을 참고한다.

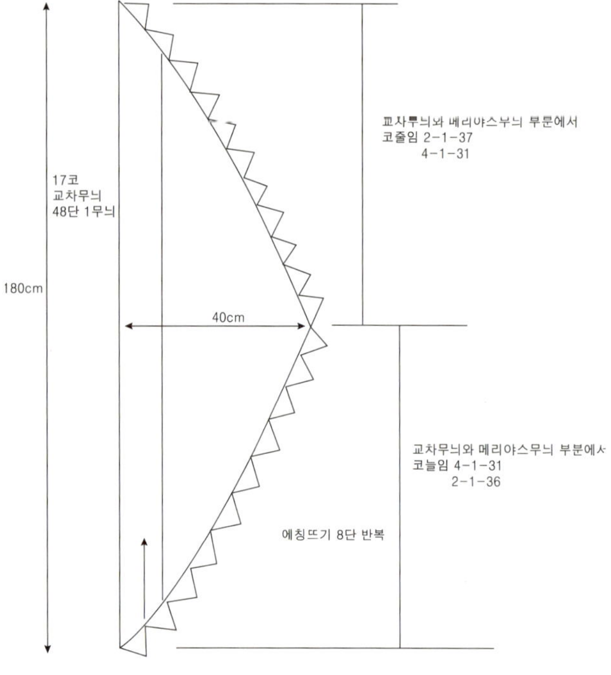

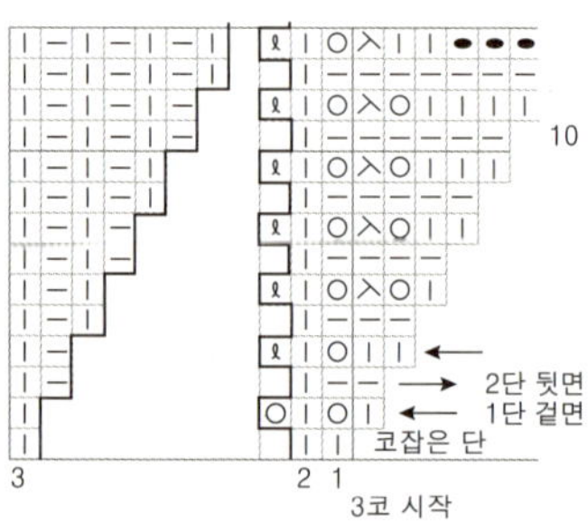

3코 시작 14단까지의 코 늘림. 에칭무늬는 유지하면서 뜨고 교차무늬 부분에서 코늘림한다.

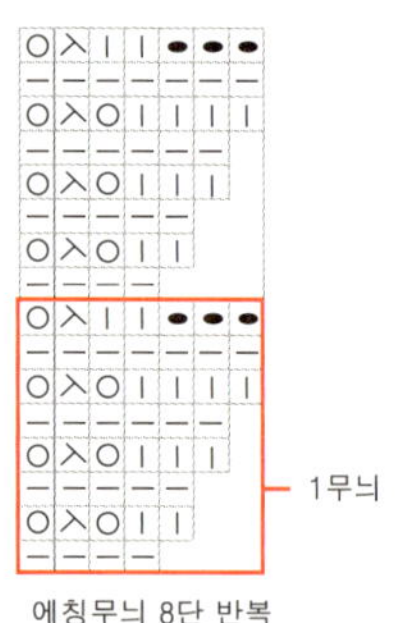

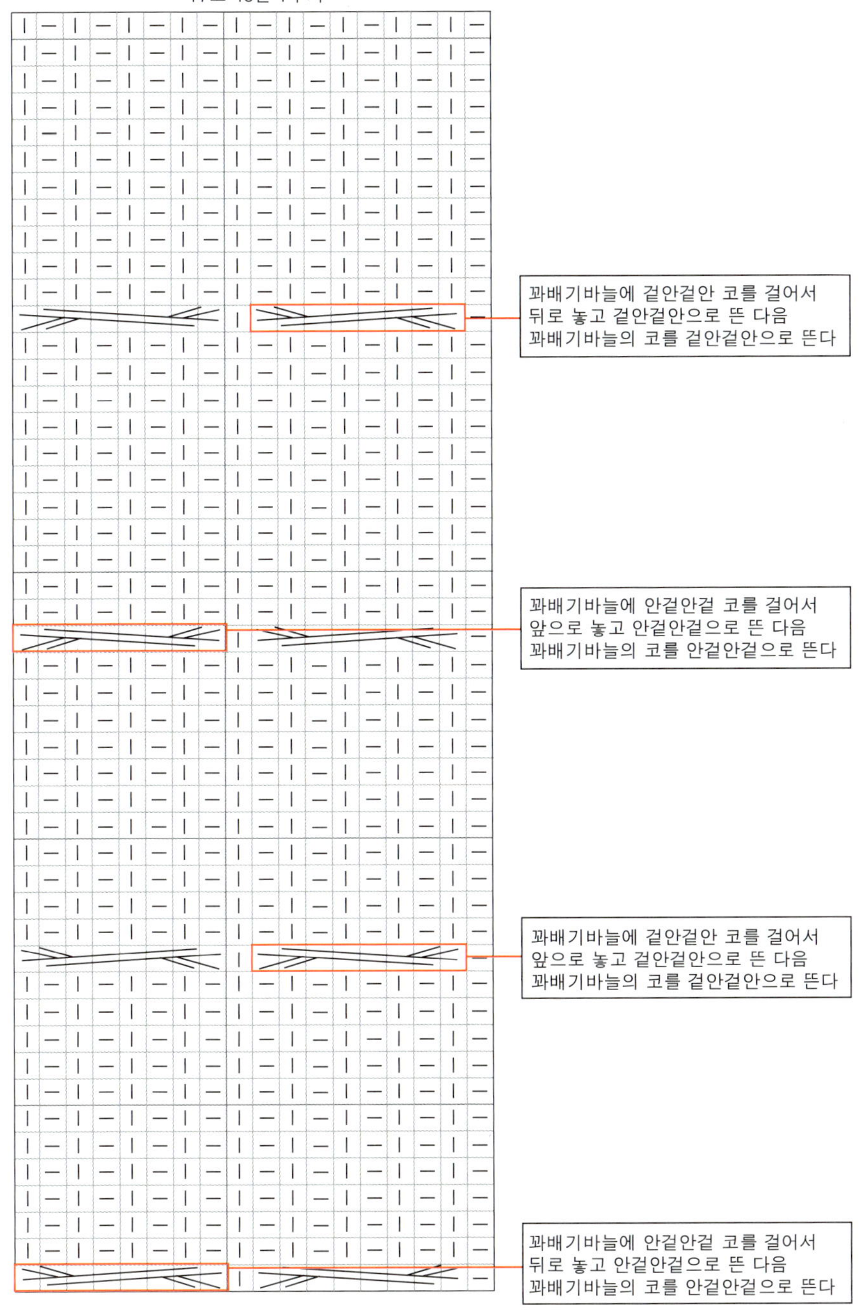

꽈배기바늘에 겉안겉안 코를 걸어서
뒤로 놓고 겉안겉안으로 뜬 다음
꽈배기바늘의 코를 겉안겉안으로 뜬다

꽈배기바늘에 안겉안겉 코를 걸어서
앞으로 놓고 안겉안겉으로 뜬 다음
꽈배기바늘의 코를 안겉안겉으로 뜬다

꽈배기바늘에 겉안겉안 코를 걸어서
앞으로 놓고 겉안겉안으로 뜬 다음
꽈배기바늘의 코를 겉안겉안으로 뜬다

꽈배기바늘에 안겉안겉 코를 걸어서
뒤로 놓고 안겉안겉으로 뜬 다음
꽈배기바늘의 코를 안겉안겉으로 뜬다

마지막 3코는 덮어코막음으로 마무리한다.

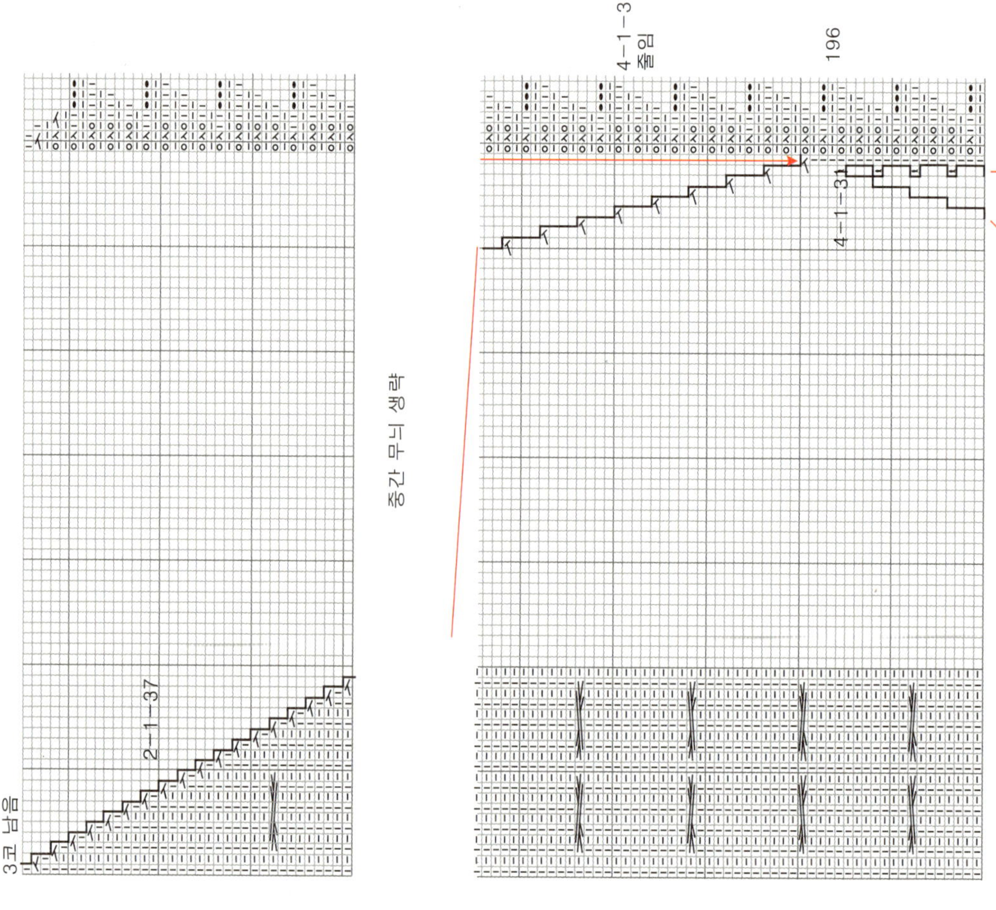

※ 이 도안은 121쪽의 도안과 겹쳐서 보아야 합니다.

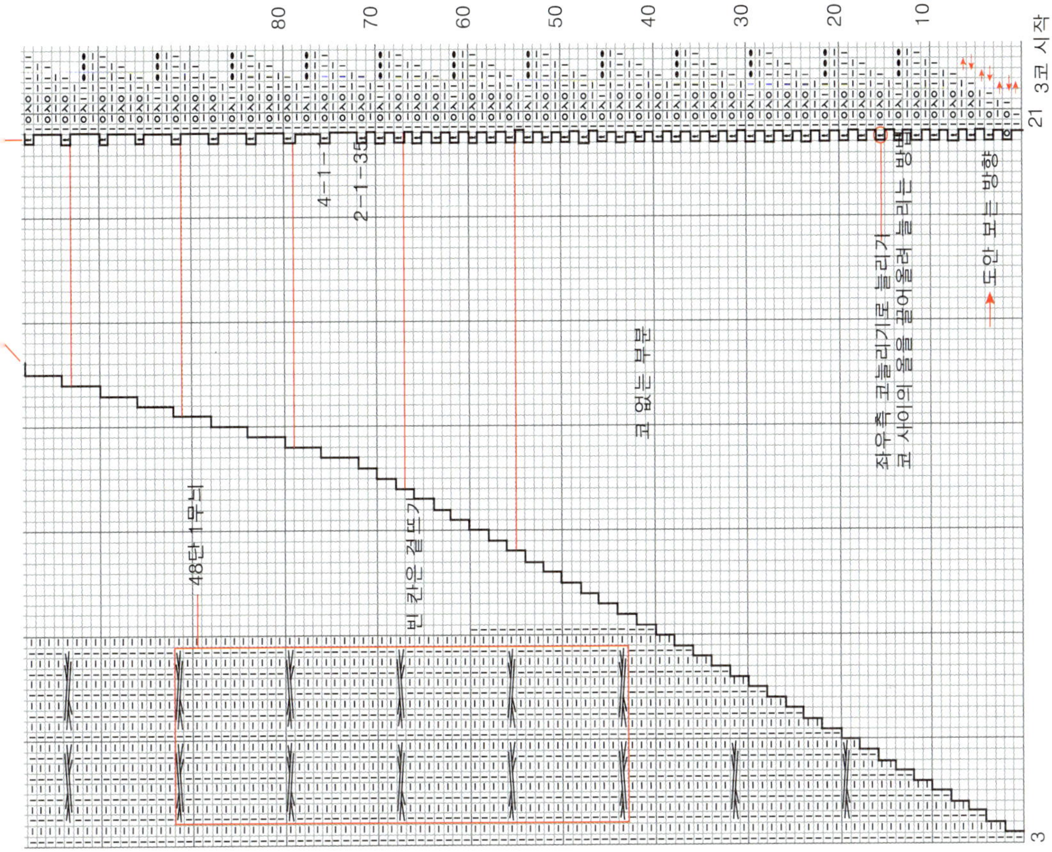

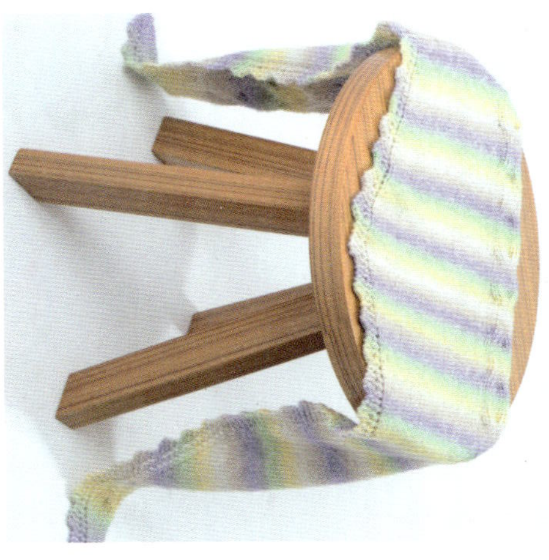

3코 시작
21
3
10
20
30
40
50
60
70
80
4-1-1
2-1-35
48단 1무늬
빈 칸은 걸뜨기
코 없는 부분
좌우측 코늘리기로 늘리기
코 사이의 올을 끌어올려 늘리는 방법
도안 보는 방향

완성품

실	멜로디 퐁듀(1볼 80g) 연노란색 117g
바늘	대바늘 5mm
부자재	콧수 표시링, 코바늘 7/0호, 풀어내는코를 만들기 위한 별도의 실
사이즈	발바닥길이 22cm, 발바닥~발목길이 21cm

뜨개 양말은 신축성이 좋기 때문에 본인의 발사이즈보다 1~2cm 작게 만드는 것이 예쁘다. 보통의 양말을 만드는 순서와는 조금 다르고 원통뜨기를 하지 않아도 쉽게 만들 수 있다. 멜로디로 떠도 퐁듀로 뜬 것과 사이즈가 비슷하다.

만들어 보세요

1_ 풀어내는코 만들기로 사슬코 50코를 만들고 뒷산에 걸어 겉뜨기로 50코 만든다.

2_ 겉면에서 볼때 오른쪽 9코(발목 부분)는 겉뜨기 2단, 안뜨기 2단을 반복하고 왼쪽 가장자리 5코(발가락 부분)는 가터뜨기한다. 전체 코줄임과 코늘림은 양말 도안을 참고한다.

3_ 시작부터 5단째 뒤꿈치 부분에서 중심세코모아뜨기로 코줄임하고 2단마다 중심세코모아뜨기로 줄임을 4번 더 한다(40코가 됨).

4_ 평단(코줄임 없이 그대로 뜨는 단)을 12단 더 뜬다.

5_ 시작 지점으로부터 27단째에 가장자리 무늬를 유지하면서 뒤꿈치 부분에서 바늘비우기로 2코 늘린다. 바늘비우기로 늘린 코는 뒷면에서 뜰 때 꼬아뜨기로 뜬다.

6_ 2단마다 코늘림으로 50코를 만들고 코늘림이 끝나면 3단을 더 뜬다. 모든 코는 그대로 둔다.

7_ 시작코의 사슬코를 풀어 별도의 바늘에 걸어둔다. 바늘에 걸어둔 코와 풀어내는코의 코를 돗바늘로 메리야스잇기한다. 가터뜨기는 가터무늬를 유지하도록 돗바늘로 이어준다(돗바늘로 이어줄 때 멜로디 퐁듀 실에 붙어 있는 버블사는 모두 제거하고 잇는다. 버블사가 바늘에 걸려 메리야스잇기할 때 불편할 수 있다).

8_ 발가락 부분은 가터단 가장자리의 튀어나온 부분마다 실을 꿰어 오므려 당겨 마무리한다. 이때 오므려 당기는 실은 양말과 비슷한 색으로 가는실을 사용한다.

발목무늬 겉뜨기2단 안뜨기2단

1단(겉면)_ 겉뜨기9코

2단(뒷면)_ 겉뜨기 9코

3단(겉면)_ 안뜨기 9코

4단(뒷면)_ 안뜨기 9코

5단(겉면)_ 겉뜨기9코

2~5단의 무늬를 반복한다.

> 🔍➕ 양말의 발목 길이를 조절하려면 시작코를 적게 만듭니다. 발바닥과 뒤꿈치의 코를 빼면 발목길이의 코가 되므로 그 코를 가감하면 되고 발볼이 넓으면 코줄임을 하고 평단을 뜰 때 2~4단 정도 더 떠줍니다.

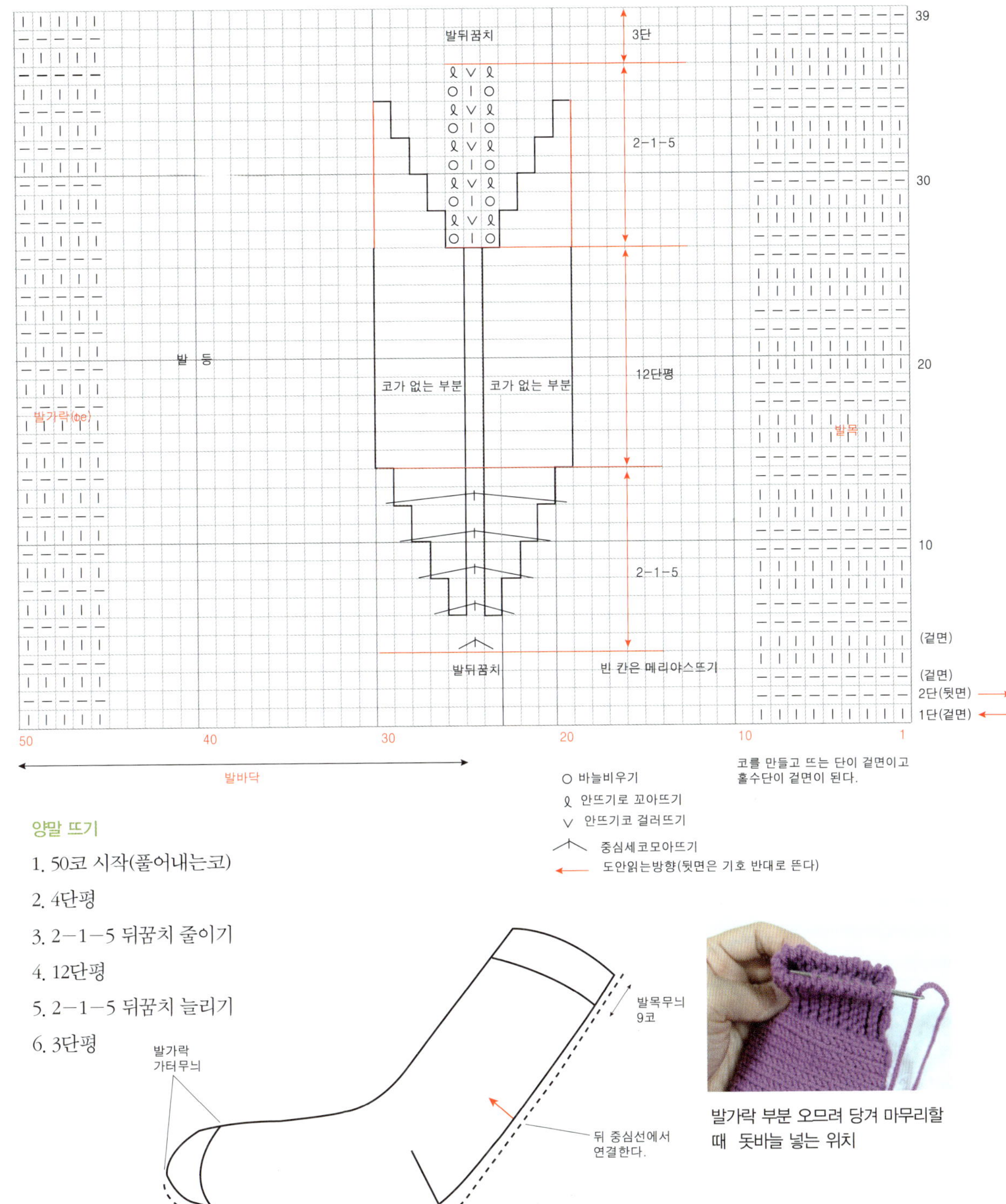

양말 뜨기

1. 50코 시작(풀어내는코)

2. 4단평

3. 2−1−5 뒤꿈치 줄이기

4. 12단평

5. 2−1−5 뒤꿈치 늘리기

6. 3단평

발가락 부분 오므려 당겨 마무리할
때 돗바늘 넣는 위치

발레리나 덧신 Page ● 53

실	5ply밀레니엄(1볼 90g) 빨간색 55g, 키드모헤어 흰색 아주 조금
바늘	모사용 코바늘 4/0호
게이지	한길긴뜨기 4/0호 12단 24코
사이즈	바닥 길이 21cm, 발등 둘레 20cm

> ✚ 5ply 제품은 스팀을 주면 늘어나므로 스팀을
> 주는 것은 금물이에요.
> 특히 뜨개질한 덧신은 신축성이 좋아 잘 늘어
> 나기 때문에 발 사이즈보다 작게 만드는 것이
> 좋아요.

만들어 보세요

1_ 원형으로 한길긴뜨기 12코를 만들어 2번째 단에서 24코로 늘리고 3단부터는 양옆 포인트에서만 코늘림한다(매단 4코씩 늘어남).

2_ 8단까지는 원통으로 뜨고 다음 단부터는 평뜨기로 뜬다(8단째 총 48코가 됨). 발바닥 부분 24코, 발등 24코로 나누고 발바닥 부분만 평뜨기로 뜬다.

3_ 양옆 3단을 코늘림하고 4단째마다 양옆 코늘림을 2회 한다. 이때 가장자리 코는 긴뜨기로 뜬다(양옆의 코를 긴뜨기로 하면 덧신을 신었을 때 가장자리가 덜 늘어난다).

4_ 뒤꿈치 부분의 4단을 코줄임하고 남은 26코를 반으로 접어 안쪽에서 짧은뜨기로 13코 떠서 연결한다.

5_ 덧신 가장자리 1단을 짧은뜨기한다.

6_ 발등 부분에 키드모헤어를 새로 걸어서 1단을 프릴뜨기하고 마무리한다.

7_ 사슬 60코를 뜨고 뒤꿈치에서 4코 짧은뜨기한 다음 사슬 60코를 뜨고 마무리한다.

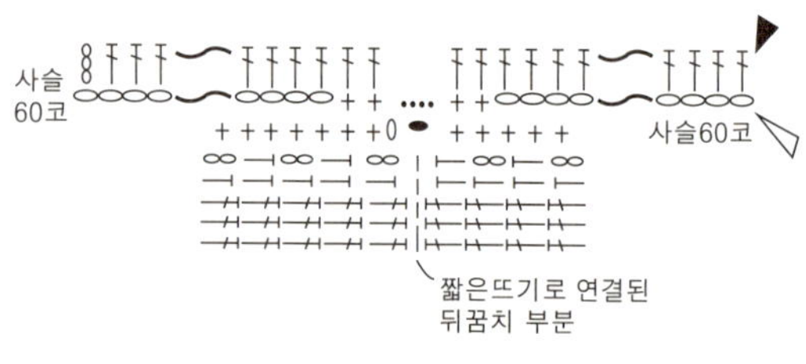

끈 만들기

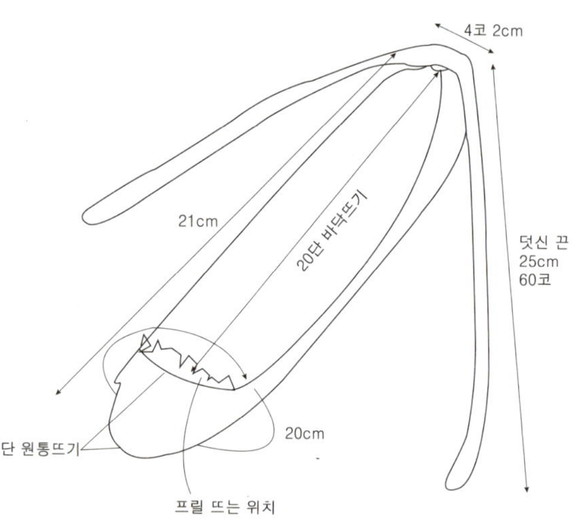

덧신 끈만들기

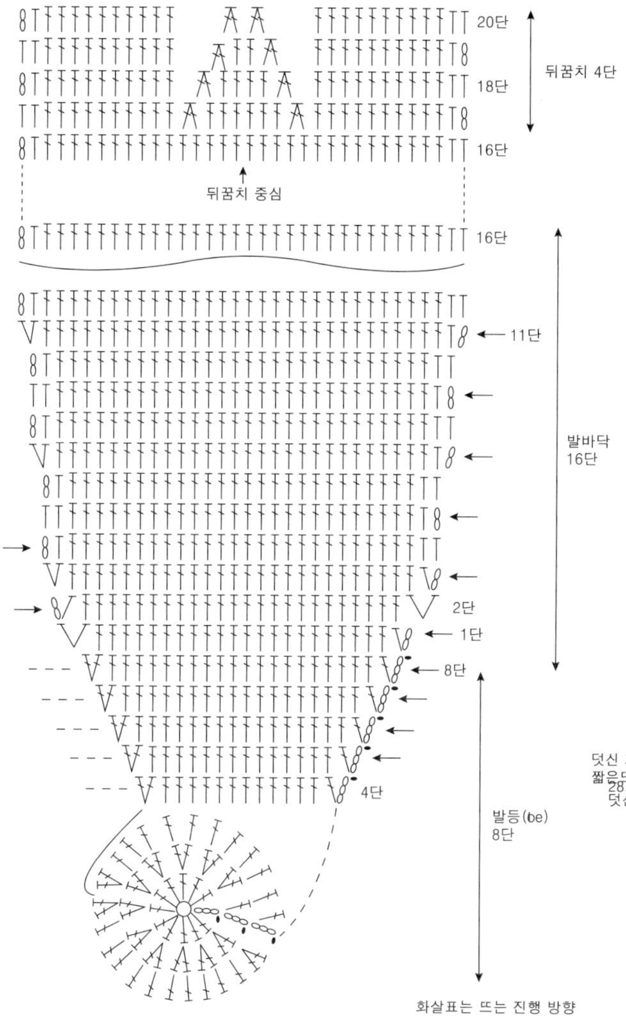

뒤꿈치 연결하기

덧신 발등과 바닥뜨기

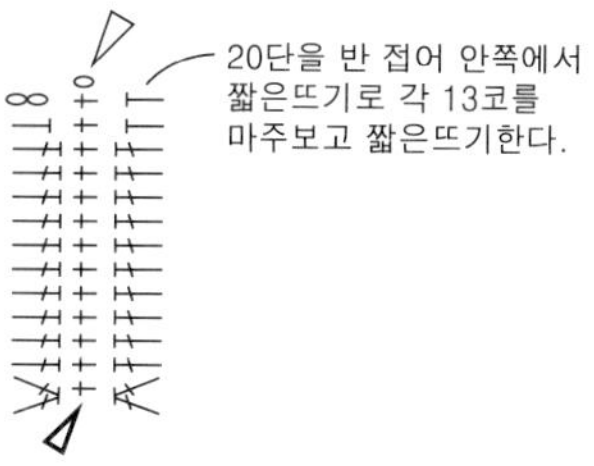

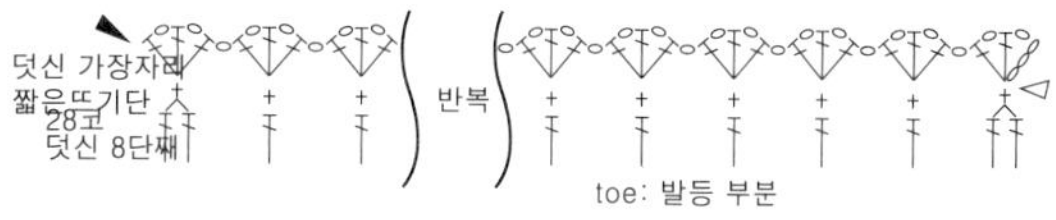

발등 프릴뜨기

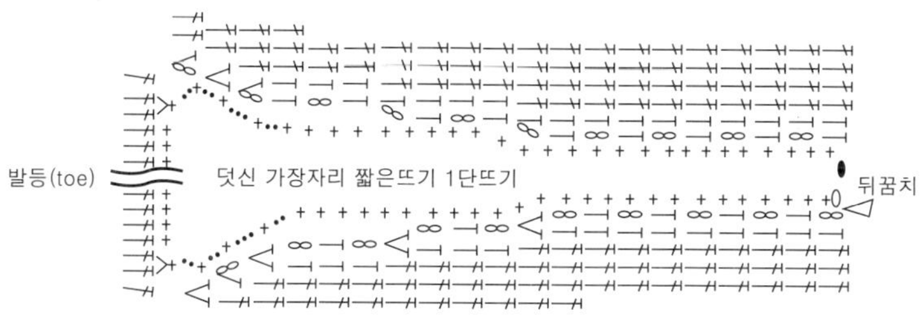

덧신 가장자리 짧은뜨기

실	코러스(1볼 80g) 핑크색 250g, 밀레니엄5ply 진핑크색 34g
바늘	코러스: 대바늘 6mm, 밀레니엄5ply: 대바늘 3.5mm
게이지	6mm 코러스 멍석뜨기 11코 26단 / 6코교차뜨기무늬 가로 3.5cm
부자재	쿠션솜(가로 40cm×세로 40cm)

만들어 보세요

1_ 일반코로 92코를 만들어 원
통으로 무늬뜨기를 한다.

2_ 도안을 보면서 앞뒷면에 무
늬를 넣어 총 94단을 뜬다.

3_ 쿠션 입구의 무늬를 12단 더
뜨고 덮어코막음한다.

4_ 밀레니엄5ply 진핑크색으로
12코 만들어 메리야스뜨기
로 56단을 뜬다. 시작코와 마
지막단 부분을 꿰매어 원 고
리 모양 총 7개를 만들어 놓
는다.

5_ 밀레니엄 5ply로 4코, 130cm
길이의 아이코드를 만든다.

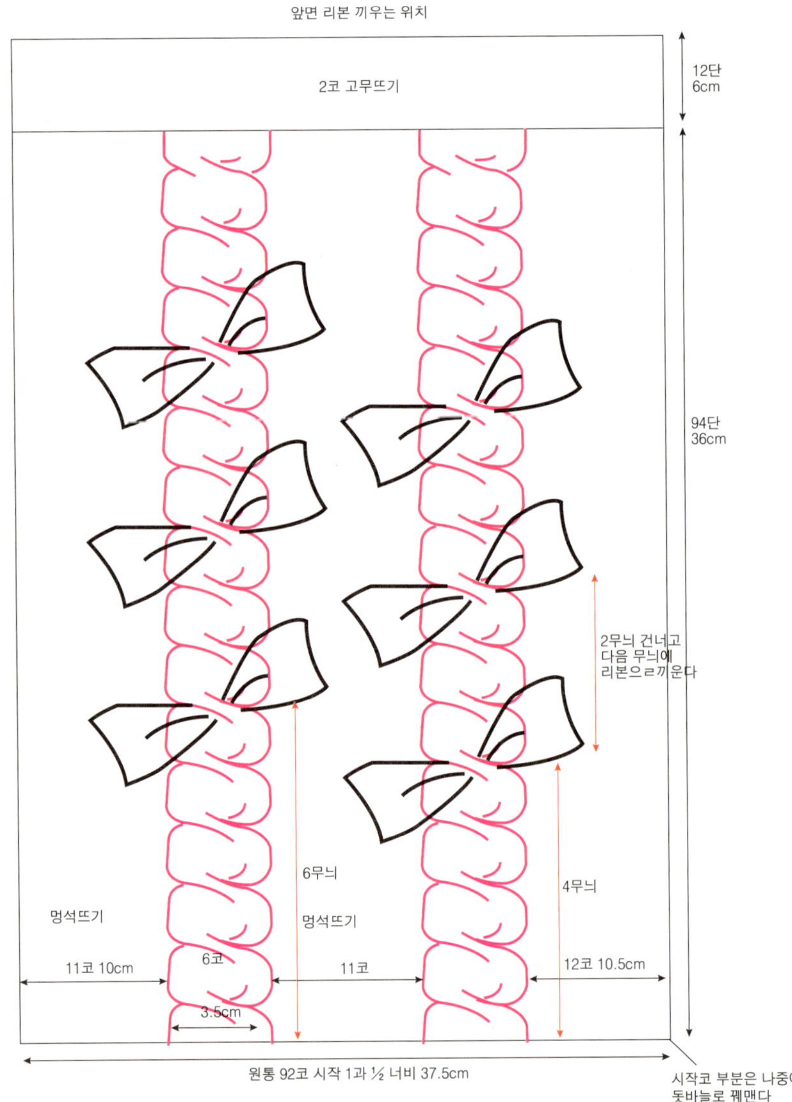

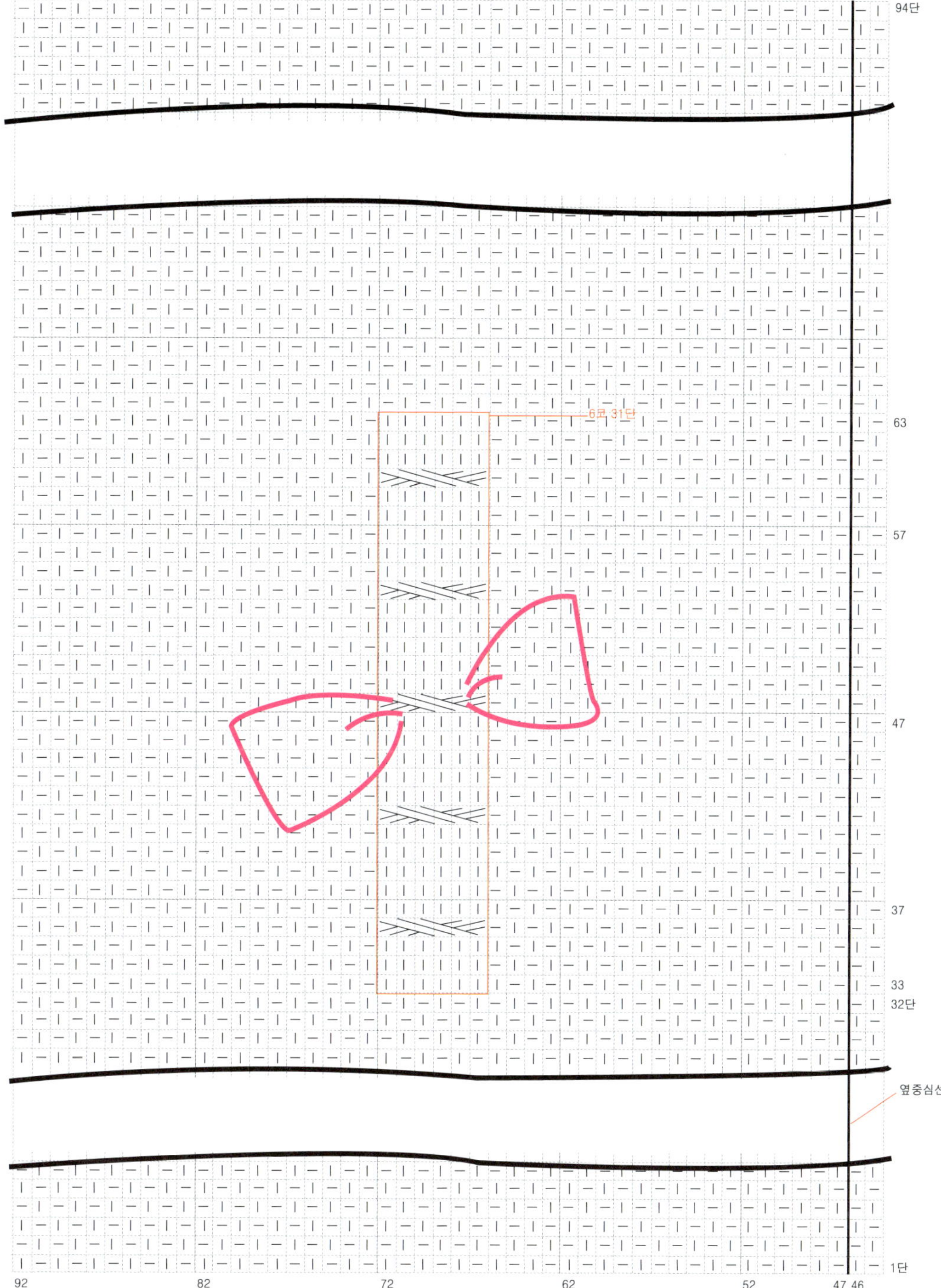

뒷면
94단
6코 31단
63
57
47
37
33
32단
옆중심선
뒷면
1단
92
82
72
62
52
47 46

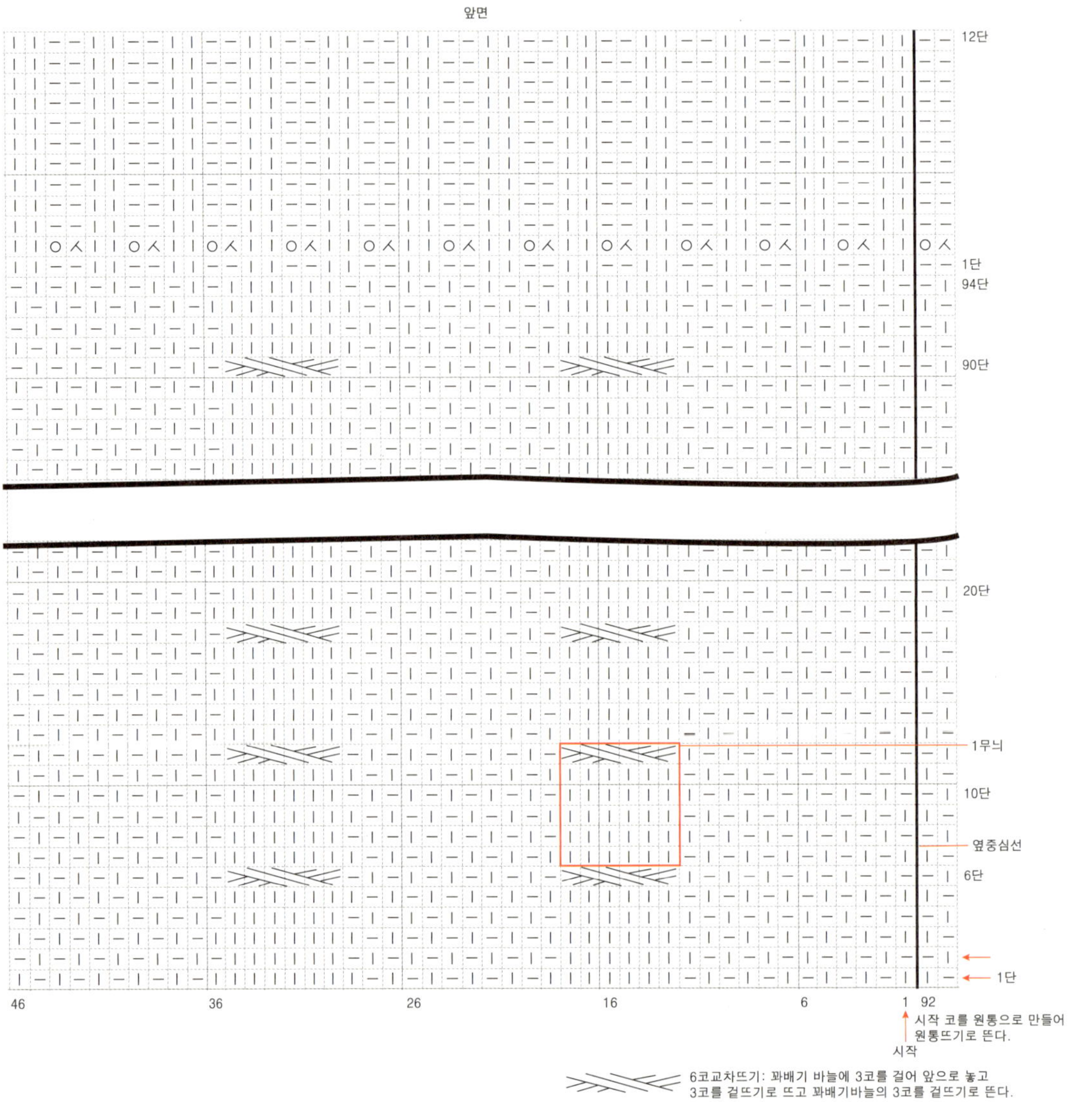

멍석뜨기는 홀수로 배치했다. 그래야 원통으로 뜰 경우 무늬에서 단 차이로 인해 틀어지는 것을 방지할 수 있다.

앞면 6개, 뒷면 1개로 7개를 뜬다.

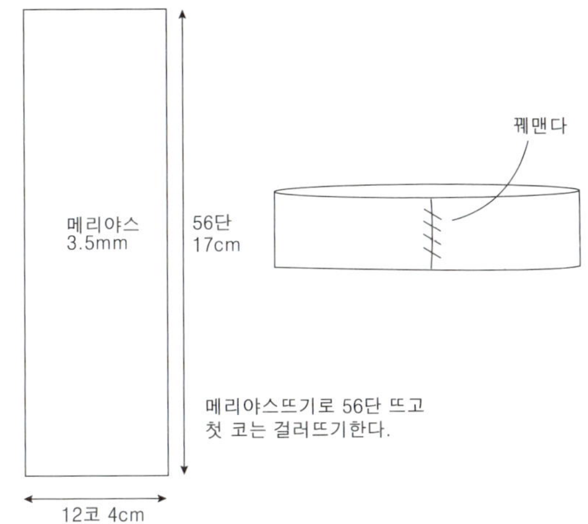

> ⊕ 메리야스뜨기이기 때문에 완성되면 돌돌 말립니다. 꿰맨 후에 모양을 잡고 스팀을 주면 반듯하게 펴져요.

꽈배기무늬를 살짝 들면 교차뜨기한 부분에 공간이 있다. 그 공간에 만들어놓은 리본을 끼우고 모양을 다듬는다.

130cm의 아이코드를 만든다. 쿠션의 바늘비우기로 만든 구멍에 쿠션 솜을 넣고 아이코드 끈을 교차하여 넣는다.

아이코드를 끼우고 신발 끈을 넣듯이 한쪽 끈을 반대 홀에(두 바늘비우기 구멍을 맞춰놓고) 끼우고 반대쪽 끈을 그 홀에 다시 끼워 양쪽으로 끈을 당기고 다시 반복하여 끈을 끼워 넣는다.

미니 러그

실	카드면 24합 색사(1콘 1kg) 짙은 파란색 350g
바늘	대바늘 4.5mm
게이지	1무늬(16코 16단) 가로 10cm 세로 6.5cm 블로킹 후 사이즈
사이즈	가로 39cm, 세로 62cm

만들어 보세요

1_ 4.5mm 바늘로 일반코 59코를 만들어 12단 멍석뜨기를 한다.

2_ 양끝 가장자리 5코는 멍석뜨기하고 가운데는 무늬뜨기한다.

3_ 8무늬를 뜬 다음 멍석뜨기 12단을 뜨고 덮어코막음한다.

4_ 완성 후 블로킹매트(요가 매트나 놀이 매트 활용)에 핀으로 고정한 뒤 스팀 다림질로 모양을 잡는다(블로킹 과정)

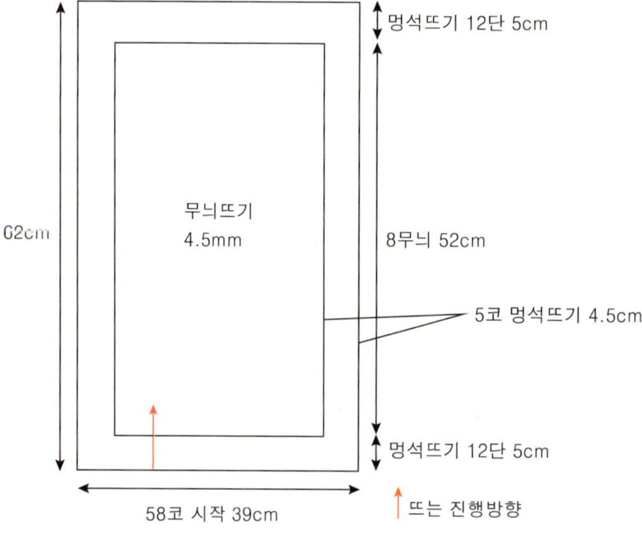

앞뒤를 모두 사용할 수 있는 양면 무늬입니다.

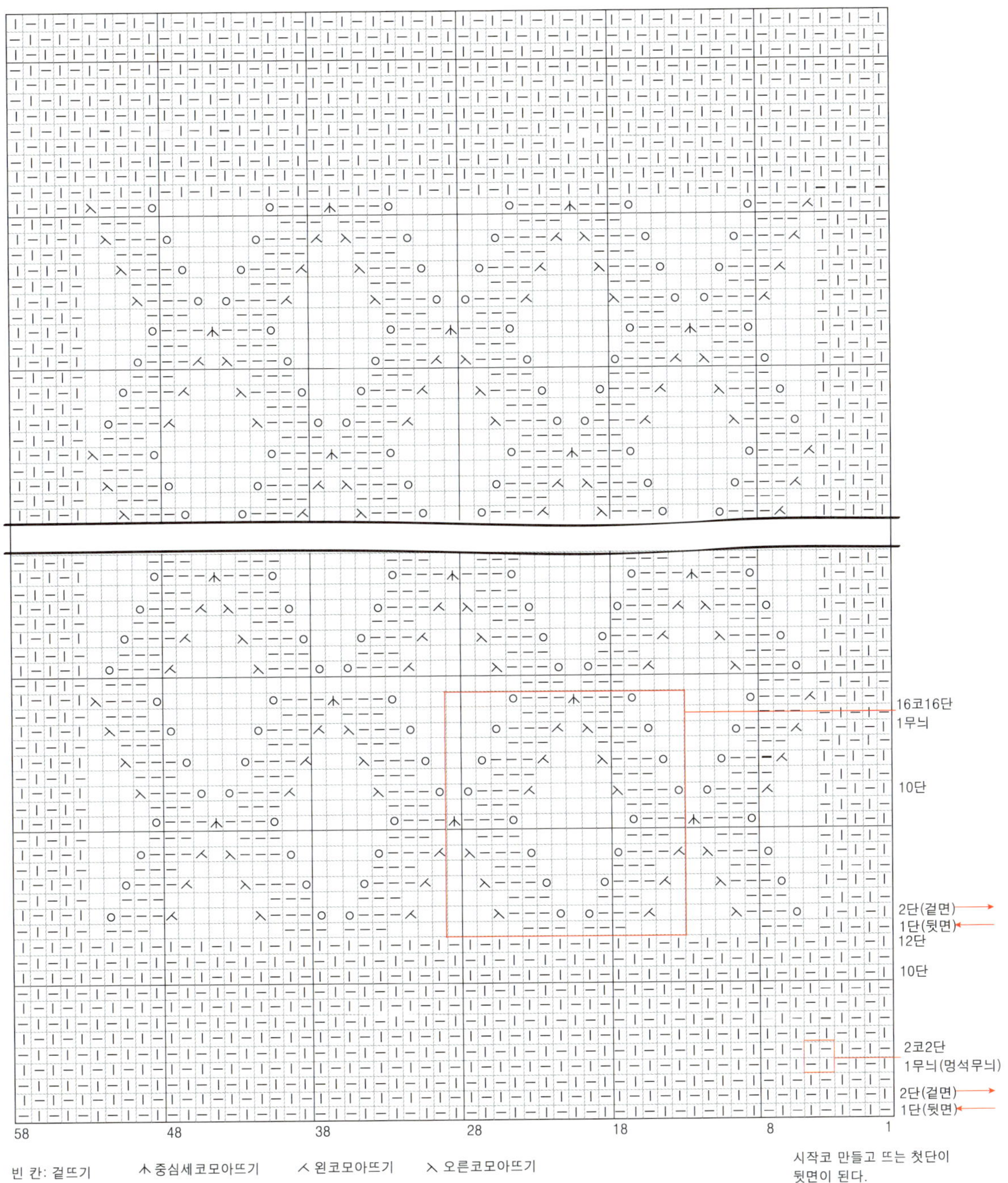

빈 칸: 겉뜨기   ⋏ 중심세코모아뜨기   ⋏ 왼코모아뜨기   ⋋ 오른코모아뜨기

시작코 만들고 뜨는 첫단이
뒷면이 된다.